我的第一本
科学漫画书

儿童百问百答 20

地球
探险

图书在版编目（CIP）数据

地球探险 /（韩）权燦好文；（韩）吴守真图；霍慧译. -- 南昌：二十一世纪出版社集团，2022.6
（儿童百问百答；20）
ISBN 978-7-5568-6537-6

Ⅰ. ①地… Ⅱ. ①权… ②吴… ③霍… Ⅲ. ①地球 - 儿童读物 Ⅳ. ① P183-49

中国版本图书馆 CIP 数据核字（2022）第 064691 号

我的第一本科学漫画书 • 儿童百问百答 20
地球探险
DIQIU TANXIAN ［韩］权燦好 / 文 ［韩］吴守真 / 图 霍 慧 / 译

出 版 人 刘凯军
责任编辑 陈珊珊 聂韫慈
美术编辑 陈思达
版式设计 洪 梅 章丽娜
出版发行 二十一世纪出版社集团
（江西省南昌市子安路 75 号 330025）
网 址 www.21cccc.com
承 印 南昌市印刷十二厂有限公司
开 本 720 mm × 960 mm 1/16
印 张 12.25
版 次 2022 年 6 月第 1 版
印 次 2022 年 6 月第 1 次印刷
印 数 1~50,000 册
书 号 ISBN 978-7-5568-6537-6
定 价 30.00 元

赣版权登字 -04-2022-146

下一站，
地球！
我们去地球
探险吧！

我的第一本科学漫画书

儿童百问百答 20

[韩] 权燦好 / 文　[韩] 吴守真 / 图　霍　慧 / 译

地球
探险
要掉
下去了！
地球，
我们来了！
啊！
二十一世纪出版社集团
21st Century Publishing Group

看趣味问答，进入妙趣横生的科学世界！

编辑部的话

科学是人类认识世界、改造世界的工具。我们可以利用科学去了解世界的基本规律和原理。随着人类的发展，科技突飞猛进，很多人们过去不了解的事情都慢慢得到答案。这就是科学的力量。当然，这必须感谢一代又一代的科学家的不懈努力，是他们引领我们获取科学知识，告诉我们怎样去探索世界。科学探索，首先要具备丰富的知识、敏锐的观察力；其次还需要好学上进的探索精神；最后，还需要一点点好奇心，当你开始去问“为什么”的时候，可能就是你探索世界的开始。

在我们的生活中，一个个奇怪又有趣的日常小问题看似简单，其中却常常隐藏着并不简单的科学原理。只要稍微留心一下平时那些容易忽视的事物，我们可能就会得到新的收获。

本书以“百问百答”的形式，提出了许多有趣的科学问题，从科学的角度为孩子们普及天文、地理、数学、物理、化学、生物等学科知识，展示出一个丰富多彩的科学世界。这套书不仅能充分调动孩子们的好奇心，还能鼓励和培养孩子们勇于探索的科学精神。好了，现在就让我们跟着书里的小主人公，一起走进广阔的科学世界，去感受科学的奇妙吧！

二十一世纪出版社集团
“儿童百问百答”编辑部

地球的历史

地球的结构和形态

地球的变化与自然现象

地球的方方面面

出场人物

丁 丁

一个充满好奇心的顽皮男孩。个性不服输，常常和葡葡一起欺负道奇。

葡 葡

丁丁的搭档。有时候很啰瑟，好奇心强，知识也很丰富。

道 奇

为征服地球而来的外星人。因宇宙飞船发生故障，只能留在丁丁家等宇宙飞船修好。经常做些古怪又荒唐的事儿。

地球的历史

Quiz

地球是怎样形成的？

灰尘太多了。
阿嚏
阿嚏
还不是因为你平时根本不打扫卫生！

我也觉得有点看不过去了。
掉落
掉

这么多灰尘，都可以造个地球了！
拍
拍
拍
用灰尘怎么造地球？
哎呀

看来你还不知道！地球是由灰尘构成的。
是吗?

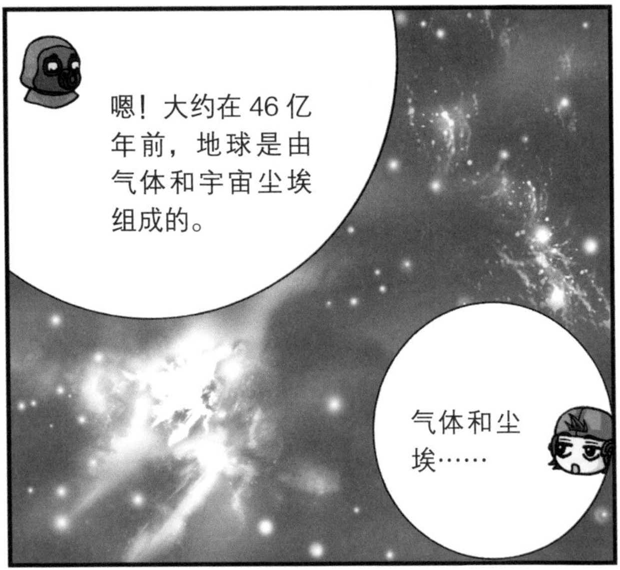
嗯！大约在46亿年前，地球是由气体和宇宙尘埃组成的。
气体和尘埃……

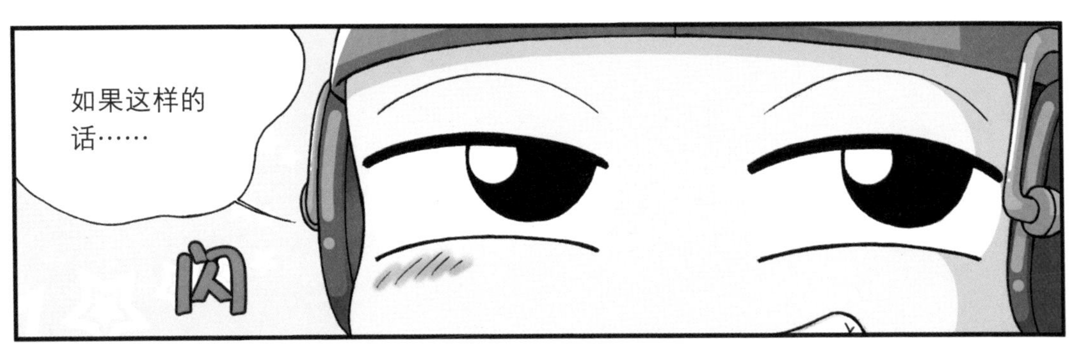
如果这样的话……
闪

丁丁，你不打扫卫生，去哪儿?
咣

咣
唰
那……那是什么东西?

啪
嘻
嘻
啪
这就是……

喀喀，
快说！
我想造个地球，
所以把我们小
区的灰尘全收
集来了！

阿
嚏
真笨！你以为
这样就能造出
地球吗？
阿嚏
!

哦，对了！

放屁
你说还需要气体，对吧？
吐

放屁
放屁
啊？为什么造不出地球呢？是不是气体还不够？

关于地球起源有许多说法，最广为流传的是高温起源论和低温起源论。地球是在约46亿年前形成的，高温起源论是说地球由热状态下的大量气体形成，而低温起源论是说地球由太阳周围的气体和宇宙尘埃集聚形成。目前，大家普遍认为低温起源论更合理。

Quiz

怎样计算地球的年龄?

你知道怎样计算地球的年龄吗?
我不知道。
面片汤
年糕汤
方便面

可以通过测量岩石的年龄来计算。
原来是这样。
吧唧

我们可以通过检测在地球上发现的岩石、陨石，以及从月球上带来的岩石或泥土的年龄来计算地球的年龄。

那你知道人的年龄是怎样计算的吗?
人的年龄?那个……

人的年龄可以通过吃年糕汤的次数计算。我比你吃的次数多，从现在开始你要叫我哥哥。
什么？！
打嗝

那我也不能输给你！
想都别想！我还要再吃一碗！

经过科学家的检测，在西澳大利亚州一个牧羊场的石头中提取的微型锆石晶体已经经历了44亿年的岁月，是地壳最古老的部分之一。1956年，美国地质学家克莱尔·卡梅伦·帕特森通过测量地球上最早的陨石来确定地球的年龄。他通过铀、铅同位素精确测定铁陨石和石陨石，最终确定了地球的年龄在45.5亿年左右。后来他的结果被反复证实。

Quiz

什么是流星？

你在干什么？

看不出来吗？
我在许愿。
许愿？

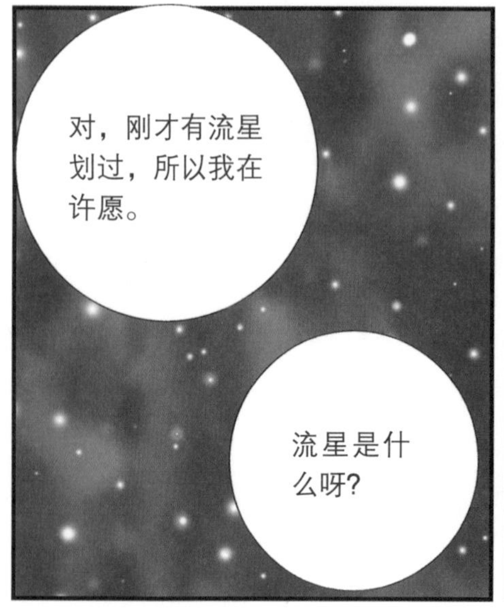
对，刚才有流星划过，所以我在许愿。
流星是什么呀？

流星是在地球引力的作用下进入地球大气层的宇宙尘埃和固体块等空间物质。

懂得真多！
你看！很多
流星。
就像下雨
一样。
这个叫“流
星雨”，就是
说流星像下
雨一样。
哦，这就是
流星雨啊！

许愿吧！这么多
流星，应该能满
足你很多愿望。
丁丁，好像有
颗大流星飞过
来了！
坐起

嗖
你安静点！赶快许愿吧！
好像冲我们飞来了……

安静点！肯定是因为流星有尾巴，你才有这种感觉的。
怎么都觉得……

我们最好还是躲开吧……它马上就要飞过来了！
不知所措
你不要再说了！

咣

冒烟
看吧，我就说嘛，要躲开！
哎哟
葡萄，救救我！

啪啪
啪啪
那是什么？
这个星球上的生物长得真奇怪！

运行在太阳系的大大小小的块体被称为流星体。流星体大小不一，有的如尘土一般大，有的半径可达10千米。流星体借助地球的引力进入大气层，与空气发生摩擦，发出热和光并燃烧，这就是流星。当流星到达距离地球100～130千米时，我们肉眼可以看到。

Quiz

现存最大的陨石是哪个？

我动不了了。
看吧！我让你躲开你不听！
被流星砸了吧。

这不是流星，是我的宇宙飞船。再说，流星大多会在大气层被燃烧掉。

那些没有被完全燃烧掉，落在地球上的称为陨石。现存陨石中最大的是……

你们在听吗？

叔叔，你把这块废铁拖走吧！
哪里来的这么多废铁？
从天上掉下来的。
哎呀，我的宇宙飞船！

收废铁
什么时候才能凑齐零件再造一艘飞船呢？唉……

流星体在大气中未燃烧尽，掉落在地球上的矿物被称为陨石。迄今为止，最大的陨石是1920年在非洲纳米比亚北部发现的戈巴陨铁。陨铁长3.1米，宽2.7米，厚0.9米，重约60吨。另外，在地球上，还发现了陨石掉落形成的巨大的陨石坑。

Quiz

地球上出现的第一种生物是什么？

你们知道地球上出现的第一种生物是什么吗?
不知道。
你们果然不知道!
!

据推测，地球上最早的生物出现在海洋里。没事多学习吧!
你怎么知道得这么清楚?

要想征服地球，这点儿信息还是……

喂，你们在干什么？
为了征服宇宙，正在努力学习呢。你不是让我们多学习吗？
什么？

呼！真是万幸！

生物化石表明，地球上最早出现的生物是海洋里的细菌和藻类。2016 年，澳大利亚研究小组在格陵兰岛 37 亿年前形成的岩石中发现由藻类形成的叠层石，这是证明地球最早出现的生物的直接证据。科学家认为，最初的生物像现在很多细菌一样，在没有氧气的情况下，自己会创造出养分。

Quiz

地球的寿命是多少?

哎呀
太热了,别过来!
火
热

喀喀
喀喀
葡葡,你怎么了?

刚吸了一大口废气,快喘不上气了……
喀喀
环境污染越来越严重,这是个大问题呀!
?

据说，30 亿年后，地球上所有的动植物都会灭绝；35 亿年后，海水会全部蒸发。
地球
太阳
45 亿年后，地球会被完全烧毁。
为什么？
因为太阳越来越大，越来越热，再过 50 亿年，太阳就会“升”到地球的轨道上，地球就会消失。
!

环境污染如此严
重，生物的寿命
也会缩短……
嗒
嗒
嗒
问题真的很
严重……

不过，道奇
呢？刚才还
在这儿啊！
对呀，他刚才
还在那边收集
废铁，现在去
哪儿了？

道奇！
你在干
什么？

没看见吗？我在打扫啊！这些垃圾到底要怎么分类啊？这样下去地球会得病的。
怎么这么多垃圾呀？
垃圾袋
对啊！你看他奇奇怪怪的。
他现在不是应该在收集废铁吗？

哎哟，累死了。我是不是应该放弃地球，去火星才对呢？
哈哈！
你忘了你没有宇宙飞船吗？

科学家称地球的寿命与太阳的寿命有关。据推测，太阳的寿命大约为100亿年，到目前为止，寿命过半的太阳逐渐变亮、变大，并逐渐升温。有科学家推测，再过30亿年，地球上所有的动植物都会灭绝，之后太阳寿命终结，地球也将完全燃烧并分解。

Quiz

古人认为地球是什么形状的？

地球是方的，是个长方体。哈哈！
啊？地球怎么会是方的？明明是圆的。

我所知的地球就是方的。
但现在你说地球是长方体的依据是什么？

在发现地球是圆形的之前，人类确实认为地球是一个扁平的长方体。

打个招呼吧！这是我的朋友姜地球。你看他的脸真的是方的吧？
够了！好玩吗？
真烦人！

你想被我的脸多扎几下吗？
哎呀！
活该！
呵呵

在古代东方，人们认为平坦的土地上盖着斗笠状的天空。在古埃及，人们认为是在平坦的土地上耸立的几座山峰支撑着挂满星星的天空。此外，在美索不达米亚文明中，人们认为海洋环绕着中间凸起的圆形土地，海边的悬崖支撑着钟形的天空。

Quiz

什么是地质时代？

地质学

所谓地质时代，是指地球从形成之初到现在的约46亿年历史。

由于持续时间过长，根据生物体的化石的多少，大致可分为前寒武纪（隐生宙）和显生宙。
噢！
茫然

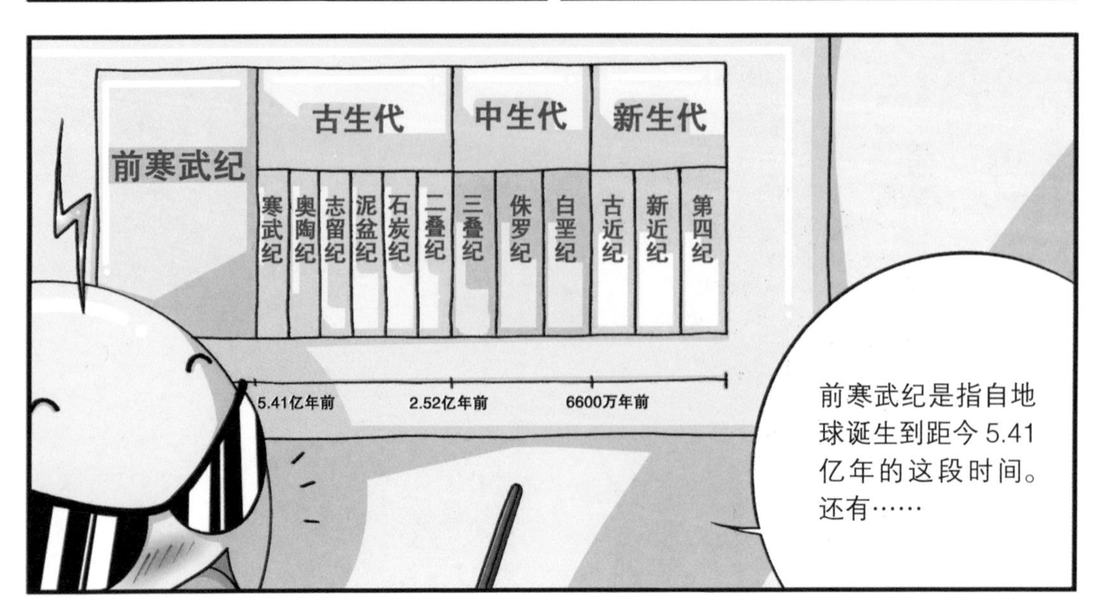
前寒武纪
古生代
中生代
新生代
寒武纪
奥陶纪
志留纪
泥盆纪
石炭纪
二叠纪
三叠纪
侏罗纪
白垩纪
古近纪
新近纪
第四纪
5.41亿年前
2.52亿年前
6600万年前
前寒武纪是指自地球诞生到距今5.41亿年的这段时间。还有……

你们有没有在听？
你们竟然睡着了！
古生代
中生代
新生代
前寒武纪
白垩纪
古近纪
新近纪
第四纪
Z
Z
打呼噜
Z
Z

我费劲解说了半天，可他们……
走了吗？
差点儿睡着了。

地质时代主要分为前寒武纪（隐生宙）和显生宙。前寒武纪是古生代之前的时代，这时期发现生物生存的痕迹（化石）较少。显生宙是生物化石出现较多的古生代、中生代和新生代。距今5.41亿年至距今2.52亿年为古生代，古生代后至距今6600万年为中生代，中生代之后为新生代，我们现在就生活在新生代。

Quiz

恐龙为什么灭绝了？

恐龙炸鸡

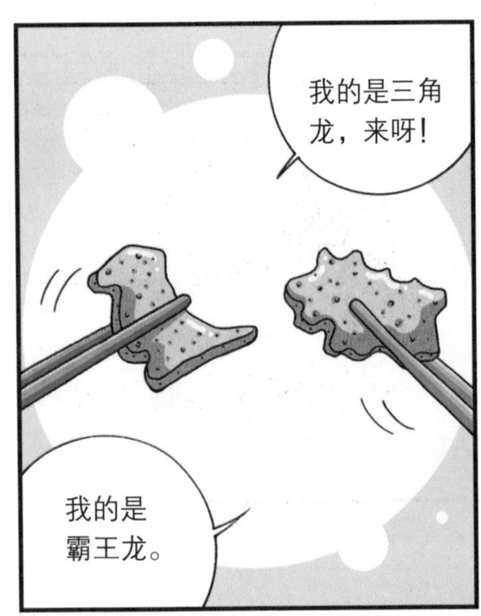
我的是三角龙，来呀！
我的是霸王龙。

太幼稚了。
可是，为什么恐龙灭绝了？
关于这个问题有几种假说。

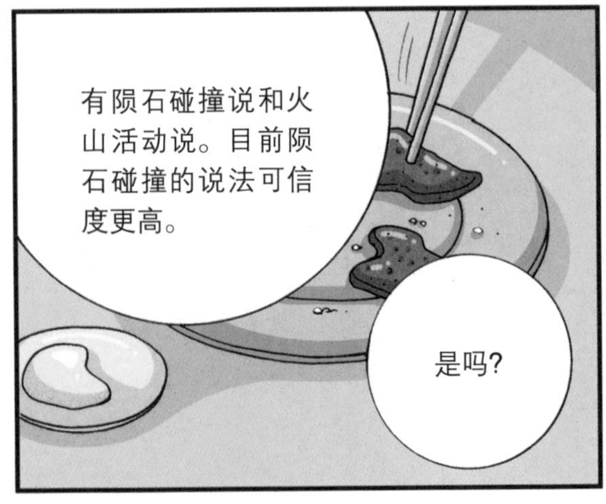
有陨石碰撞说和火山活动说。目前陨石碰撞的说法可信度更高。
是吗？

吃好了！
呀！

你居然都吃掉了？你会像恐龙一样消失的。
啊？为什么？
呃呃
打嗝

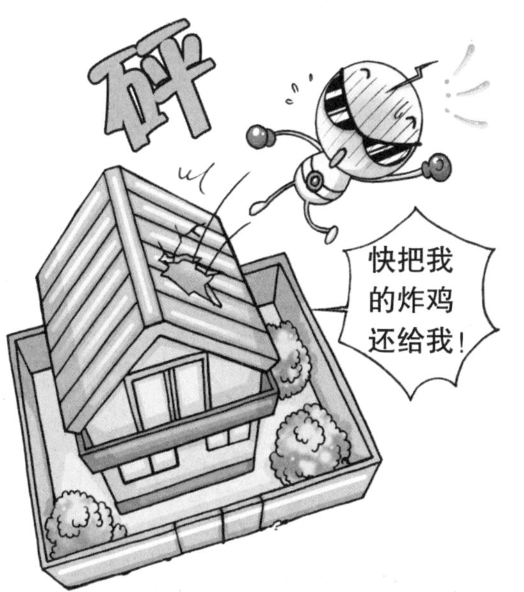
砰
快把我的炸鸡还给我！

所谓陨石碰撞说是指地球在白垩纪末期可能遭受过直径约10千米的巨型陨石的撞击。撞击产生了大量灰尘，再加上严酷的寒冷气候，致使大量植物因无法进行光合作用而死亡，失去食物的恐龙随之灭绝。据说月球表面的坑洼也是这些陨石碰撞产生的。

Quiz

人类是什么时候出现的？

你们人类是从什么时候开始生活在地球上的？另外，你们本来就那么丑吗？
道奇说得很有道理。
什么？！
你们两个家伙居然一起欺负我？

人类进化过程
早期猿人
距今约 377 万年 ~ 180 万年
晚期猿人（直立人）
距今约 180 万年 ~ 20 万年
早期智人
距今约 25 万年 ~ 3 万年
晚期智人
距今约 4 万年 ~ 1 万年
我们人类从几百万年前就开始不断进化。

嗬！
真不知道你们这些还没进化完全的家伙在这里张狂什么！
啊！

你进化了吗？
好像……进化了吧。

你呢？
过去的眼睛比现在大一点。

那现在呢？
呀！

你的眼睛……
嗬！
完了……
被发现了！

看见了吗？
他的眼睛只有
芝麻一样大。
我……我根
本没找到他
的眼睛。

人类进化经过了早期猿人、晚期猿人、早期智人和晚期智人四个阶段。早期猿人即能人和鲁道夫人，他们的基本特点是能够直立行走，会制作简单的砾石工具。晚期猿人即匠人和直立人，能直立行走、生火。早期智人已经能制作更精细的复合工具。晚期智人会用兽皮缝制衣服，用贝壳等制作装饰品。

Quiz

地球上下过酸雨吗?

地球上下过酸雨吗?
A.下过 B.没下过
你们说这道题的答案是哪个?

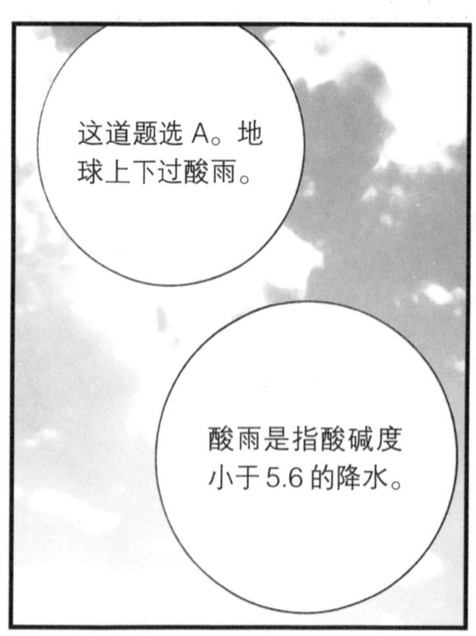
这道题选 A。地球上下过酸雨。
酸雨是指酸碱度小于5.6的降水。

大家都好厉害呀!
呀,是雨!

什么？下雨了？快点收拾东西。
没下雨啊！
太帅了！
Rainy
雨
是我喜欢的明星 Rainy！
！
真是的！
啪
啪
你不喜欢他吗？

酸雨的“酸”不是指味觉器官感觉到的酸味。酸雨是指酸碱度小于5.6的雨、雪或其他形式的降水。酸雨是人为使用煤、石油等化石燃料，向大气中排放大量酸性物质所造成的。酸雨会使土壤酸化、肥力降低，大面积破坏森林和农作物的生长；湖泊、河流等酸化，严重影响水生生物生长和生存；还会腐蚀建筑物，破坏露天的文物古迹等。

Quiz

大气和大海是怎样形成的？

大气是怎样形成的？
大气不是自然形成的，一方面与地球和地壳的形成有关，另一方面与生物的出现有关。还有一种说法是，在地球形成过程中，通过自身引力，从宇宙空间捕获了一定量的气体。

地球的原始大气中最早有氢气、氦气等，后来出现了水蒸气、一氧化碳、氮气等。
是吗？那么，大海是怎样形成的呢？

①地球形成早期，大气中出现了水蒸气。
②地球温度降低，并形成了地壳。
③大气中的水蒸气凝结成小水滴。
怎么这么复杂?
④小水滴聚集形成云，云形成雨降落到地表。
⑤地表的雨水汇成河流，河流向低洼处汇集成海洋。
水蒸发后在高空遇到冷空气，凝聚成小水滴。小水滴在空中聚成了云，它们在云里相互碰撞，合成大水滴。当水滴体积和质量增大到云层托不住后，从云中落下，形成雨。雨水流到低处就形成了海洋。

噢！原来大气和海洋的形成这么复杂呀。
你看，是不是要多读书。

是吗？那我再问你一个问题。
你今天怎么有这么多问题？

这个问题我真的很想知道，不过要是你嫌烦的话就算了。
好吧，你想知道什么？

他是怎么形成的？
惊
吓
我们是从妈妈的肚子里出来的，但道奇应该和我们不一样。

是这样吗？
嘀嘀
喂！
或者，是
这样吗？
我都能
看见！
喂！你们在
想象什么？

他们怎么
知道的？
哈哈哈哈
可怕的家
伙们，最
好快点离
开地球。

太阳能将原始大气中大部分的水蒸气分解成氧和氢，并从氨中分解出氮。氧再次与甲烷发生反应，形成了二氧化碳和水，因此大气的主要成分变成了二氧化碳和氮。现在的大气中氧气增多，是因为植物进行光合作用产生了氧气。

Quiz

地球是圆形的证据是什么？

旋转
旋转

我知道地球是圆的，不过有证据吗？
因为地球是圆的，所以我们一直走的话，
就可以见到全世界的小朋友。

哎，不要这种显而易见的证据。
有比这张照片更有力的证据吗？

证明地球是圆形的证据

地球影子
月球
啊！

1. 月食时，映照在月球上的地球影子是圆形的。

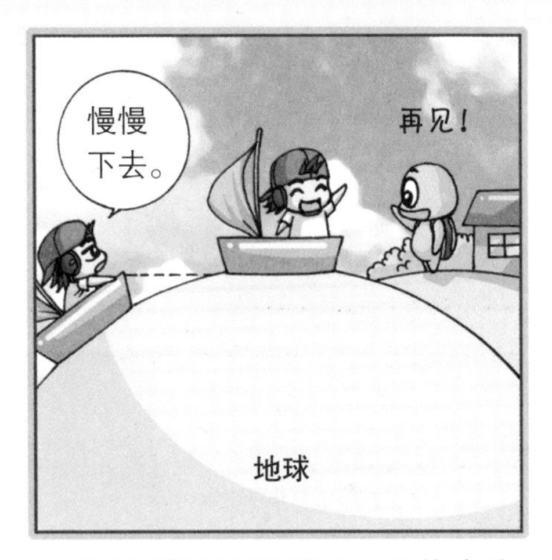
慢慢
下去。
再见！
地球

2. 船只越过地平线时，船体会先下沉，消失在地平线以下，然后是桅杆。

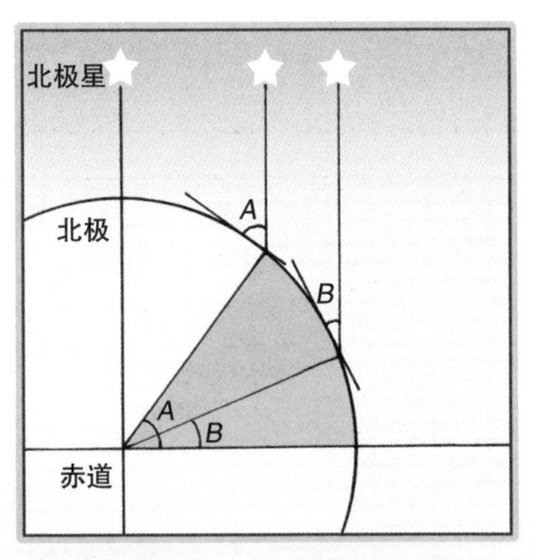
北极星
北极
A
B
A
B
赤道

3. 纬度越高，北极星和地表形成的角度就越大，北极星离地面也就越高。

4. 人造卫星拍摄的地球照片，可以看到地球全貌。

同一时间在不同地方测量同一物体阴影的长度，所测长度不同也是一个证据。

另外，麦哲伦首次提出了“如果一直往同一个方向走，就会回到原地”。

知道了吗?
嗯，听你说，我明白了。那再见啦!

你去哪儿?
你不是说如果一直往同一个方向走，就会回到原地吗?我要一直走下去。

喂，你再继续走
下去的话……
呀
哎哟
挣扎
挣扎
会掉下去的。

你怎么不
早说？
这是你
的错啊！
嗬！

古希腊哲学家亚里士多德首次科学地证明了地球是圆形的。后来，中世纪航海家麦哲伦环游世界，亲身证明了地球是圆的。此外，月食时映照在月球上的地球影子是圆形的；远去的船会消失在地平线以下。这些都可以证明地球是圆形的。

Quiz

石油是怎样形成的？

哆嗦
家里好冷呀，我们开车出去玩吧。
你也能感觉到冷吗？

可是汽车没油了，我们没办法出门。
那加油不就行了吗？

油很贵的！把你收集的废铁全卖了，也买不了多少油。
是吗？那还是忍着吧！

油到底是怎样形成的？为什么这么贵？
既然你想知道，我就告诉你吧！

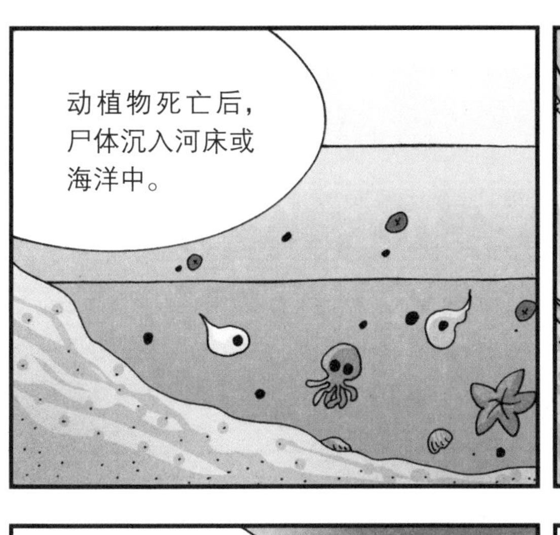
动植物死亡后，尸体沉入河床或海洋中。

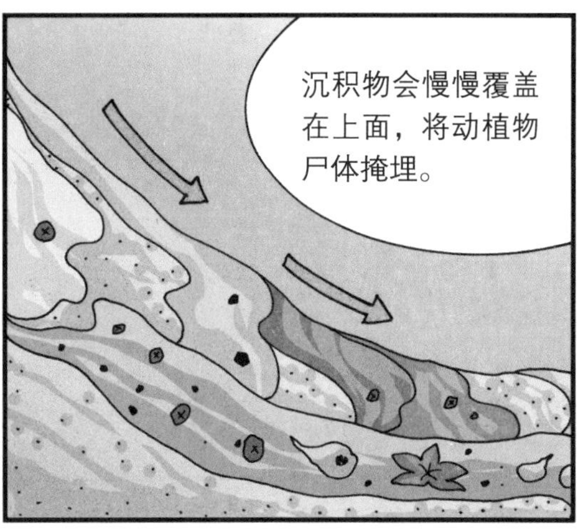
沉积物会慢慢覆盖在上面，将动植物尸体掩埋。

经过漫长的地质运动和化学变化，

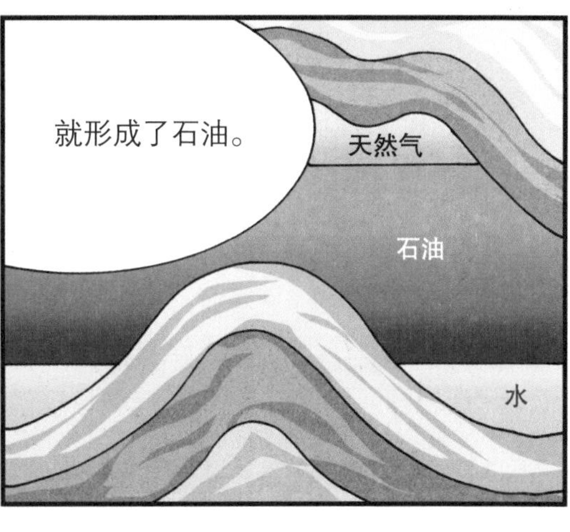
就形成了石油。
天然气
石油
水

经历这个过程生成的石油是我们生活中必不可少的能源，也是化工业的基础原料。

我们每天抹着用石油原料制成的护肤品，穿着用石油转化加工制成的衣服，使用以石油衍生出的汽油、柴油作为燃料的交通工具。
原来如此。石油的用途真广啊！

可以说，在我们日常生活中，石油几乎无处不在！
这么说，石油产量高的国家真好。

是啊！中东地区石油资源丰富，所以靠出口石油获得了可观的经济收入。

你说哪个地区有很多石油?
中东地区。怎么了?

还要挖多深呢？
他感觉不到累吗？
……
中东沙漠地区

他在干什么？
他要找石油卖钱，然后买宇宙飞船。
谁知道呢！
这么挖要挖到猴年马月呀？

工程师会根据石油中所含成分的沸点不同，将石油分离成不同的产品。石油产品包括用于汽车和飞机等交通工具的燃料汽油、供喷气式飞机使用的喷气燃料，以及煤油、柴油、石蜡油、润滑油和液化石油气等。

Quiz

有活化石吗？

我们轮流说出活化石的名字！预备，开始！
空棘鱼！
鹦鹉螺！

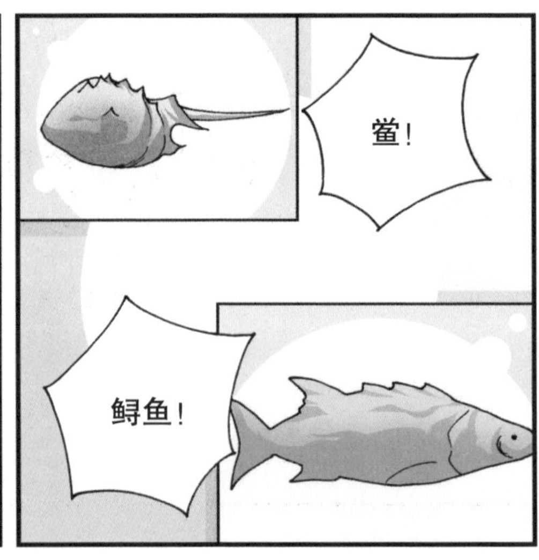

鲎！
鲟鱼！

银杏！
大熊猫！

大熊猫也是吗？
对呀！大熊猫也是动物活化石呢，你不知道吧。我赢了！

哼！你怎么
像蟑螂一样
讨厌！
你说对了，
蟑螂也是
活化石。
什么？！

你蒙的吧？
戳戳
哪有，我本
来就知道！

活化石是指从地质时代到现在仍然存在的生物种类。鹦鹉螺出现在约 5 亿年前古生代的寒武纪，后繁盛到泥盆纪末。空棘鱼出现在约 3.6 亿年前的古生代泥盆纪后期。除此之外，鲎、银杏、红豆杉、大熊猫、中华鲟等都是活化石。

寿命最长的生物是什么？

年龄比我
还小。

道奇，按地球年计算，你多少岁了？
这样计算的话，我差不多120岁了。因为地球的10年相当于我们星球的1年。

啊？
这有什么吃惊的？地球上不是有活了很久的生物嘛！
是不是不该说啊？

是呀，目前发现的就有活了约5000年的生物。
那我见到他一定要跟他打个招呼，说："您好，我是道奇！"

爷爷，失礼了，我现在才知道您都这么大岁数了。
鞠躬
什么？你叫我爷爷？我精力比你还旺盛呢！

好玩吗？
嗯！

地球上很多生物寿命都非常长。世界上有记载的最老的树是在美国内华达州发现的狐尾松，通过年轮推断，这棵树大约5000岁。据科学家推测，在至今无法探测的深海等处存活的生物中，可能还有比这更长寿的生命体。海龟也是有名的“活化石”，早在两亿多年前就出现在了地球上。一只正常的海龟，可以活150～200年。

地心说和日心说的区别是什么？

头晕！

我说得对！
你们为什么吵架？
不是！我说得才对！

哥哥，地球是在转圈吧？
不是的，宇宙才在转圈！

哈哈哈
哎哟，你们就是因为这个问题在争吵吗？

以地球为
中心的地
心说。
地心说认为宇宙的中心是地球，
太阳、月亮、行星和恒星都是
围绕地球公转的。
木
土
金
地球
太阳
月球
水
火
以太阳为
中心的日
心说。
金
太阳
水
月球
地球
火
木
土
日心说认为宇宙的中心是太阳。
包括地球在内的行星都是围绕着
太阳运转的。

用地心说解释不通的地方，
可以用日心说来解释，但日
心说也不完全正确，只是相
比地心说有很大的进步。

看来我更
接近正确
答案。

?
来，快
给我!
哼!

你们打赌了?
嗯!

是我喜欢的球星的照片！
我们说好谁赢就给谁。
哐当
晕
亲亲
我也想要。

打赌就赌
这个……
真的？
哥哥，要
不给你吧？

地心说由古希腊欧多克斯和亚里士多德提出。在公元2世纪，托勒密进一步完善发展了地心说。地心说认为地球是宇宙的中心，所有行星和恒星都围绕地球运转。16世纪，哥白尼提出了日心说，改正了地心说的错误，简单明了地解释了太阳系行星的运动，他主张包括地球在内的行星都围绕太阳转。

大约46亿年前
地球诞生
大家一起向地质时代出发！
哇哇哇
太古宙→元古宙
存在细菌、蓝藻等低等生物。
到这儿为止是中生代。
前寒武纪（从地球诞生到距今5.41亿年）
没想到地球的历史这么长。
是的。
古近纪和新近纪
菊石和恐龙灭绝，哺乳动物大型化，被子植物高度发展。

白垩纪 ← 侏罗纪 ← 三叠纪
裸子植物繁盛。恐龙等爬行动物从飞速发展到灭绝。出现了真正的鸟类。
中生代（距今 2.52 亿年 ~ 6600 万年）
到这儿是属于古生代吗？
寒武纪 → 奥陶纪 → 志留纪 → 泥盆纪 → 石炭纪 → 二叠纪
无脊椎动物快速辐射。
原始脊椎动物出现。
原始陆生植物裸蕨、鱼类出现。
原始裸子植物和两栖动物出现。
爬行动物出现。
两栖动物增加，大量生物灭绝。
古生代（距今 5.41 亿年 ~ 2.52 亿年）
真了不起！
哇
第四纪
早期人类出现与进化。
新生代（距今 6600 万年到现在）

地球的结构和形态

Quiz

地球的质量是多少？

我得减肥了……

大众澡堂
我好久没洗澡了，真爽。

你称了体重吗?
还没……

哥哥，我突然想到了一个问题，地球有多重?

这……地球的质量不能直接称，我也不知道呀!
我很好奇……
我知道地球有多重!

姜地球
地球超过了60千克，有儿童肥胖症。地球，你得减肥了！
60
原来是这个地球！

让你尝尝被“地球”碾压的滋味！
哎呀
天哪！

1798年，英国科学家卡文迪许通过扭秤实验，求出万有引力常数，计算出地球的质量。根据他的实验得出结论，地球的质量约为6×10^{24}千克，这个数字与现代测算的结果相差无几。测量地球质量的方法包括利用人造地球卫星、牛顿第一运动定律和万有引力定律等。

Quiz

地球的周长是多少?

你在干什么?
你说,地球的周长是多少?

我们用卷尺量一下吧!

量之前我们应该明白,地球不像地球仪那样是个正球体。
那地球是什么形状?

由于赤道半径大于极半径,因此,地球是赤道部分凸起的椭球体。不过用肉眼很难识别。

那地球是这个
样子的吗?
哎呀，你对我
的地球仪做了
些什么?

你不是说赤
道部分是凸
起的吗?
你傻吗?!
那也是接近
圆形啊!

最早测量地球圆周长的是古希腊地理学家埃拉托色尼，他测量的地球周长约为 39690 千米，与地球实际周长接近。不过，目前测得的地球赤道周长约为 40075 米，赤道半径约为 6378 千米，极半径约为 6357 千米。

Quiz

地球内部是什么样子的？

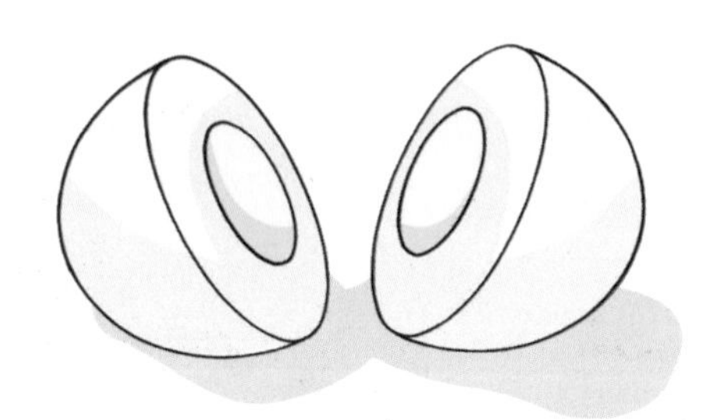

哇，这里有熟鸡蛋。
炭屋
黄土屋
看起来很好吃嘛！

看到鸡蛋，我就想起了地球。
不会说的是那个姜地球吧？

当然不是，你知道鸡蛋内部是什么样子的吗？
我们切开看看吧。

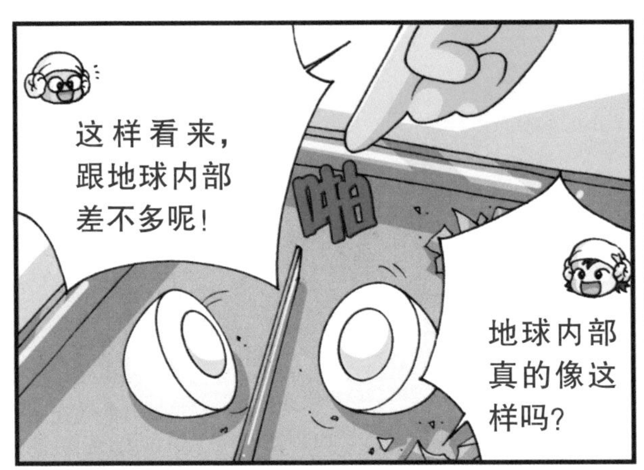
这样看来，
跟地球内部
差不多呢！
啪
地球内部
真的像这
样吗？

就差一样
东西。
抠鼻
抠鼻

脏死了！你
在干什么？
哎呀！
摁

只有这样做，才像
地球的地壳、地
幔、外核和内核。
地壳
地幔
外核
内核

尽管这样能让人一看就懂，但是实在太脏了，快走开！
嘻嘻

没想到你是这样的人。
跟你比，我还差得远呢。

来，快点吃鸡蛋。
快走开！上面粘了你的鼻屎，你自己吃吧！

要不还是扔掉吧……
这个交给我吧！
嗖
刚才有什么东西一闪而过？

呃啊啊
嗯，咸淡正好，
味道不错。
吧唧
啊
吧唧

还有吗?
呕
吐

地球的内部结构分为地壳、地幔和地核。地壳厚度各处不一，大陆型地壳的平均厚度约为35千米，大洋型地壳平均厚度约为7千米。地幔厚度约为2865千米，分为上地幔和下地幔，其体积占地球体积最大。地核是地球的核心部分，位于地球最内部，半径约为3470千米，可分为外地核、过渡层和内地核。地核主要由铁和镍组成。

Quiz

地层的形态为什么不一样？

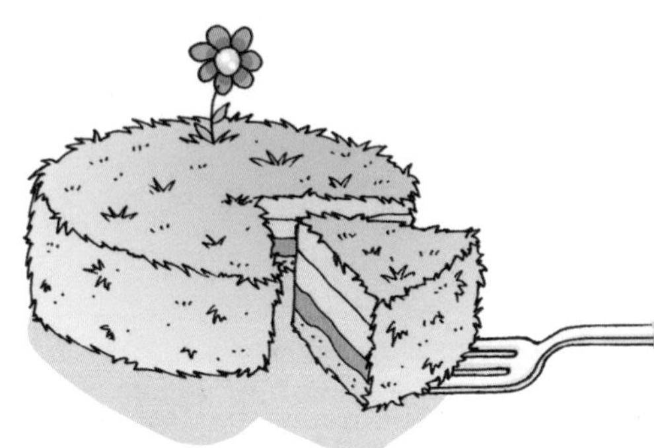

地层是一切成层岩石的总称，包括沉积岩、岩浆岩和变质岩。
地球百科
part 2.
地质学

你别站在那儿一动不动啊！
别光看着，过来帮忙呀！

不过，你们怎么能这样拧衣服呢？
这样才能拧干啊！

要不你自己来！
你们有没有想过地层的形态为什么这么复杂？
没有，怎么了？

地壳岩石在构造运动力的作用下会不停地运动，因此地层并不都是连续的，受力后主要会形成褶皱构造和断裂构造。
噢

*褶皱构造：岩层发生连续的弯曲变形称为褶皱。向上凸起的弯曲部分为背形，向下凹陷的凹部为向形。

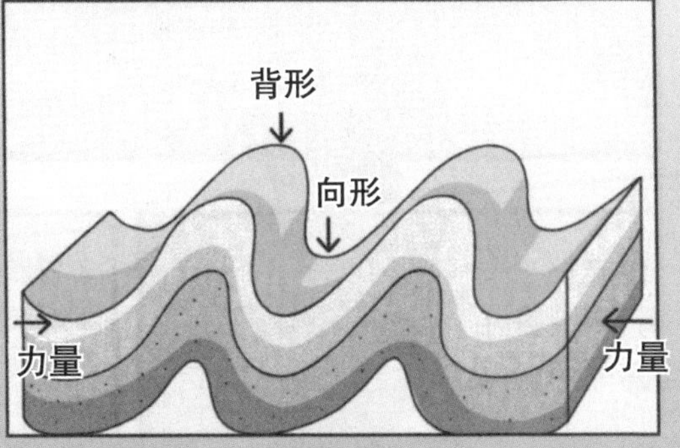
背形
向形
力量
力量

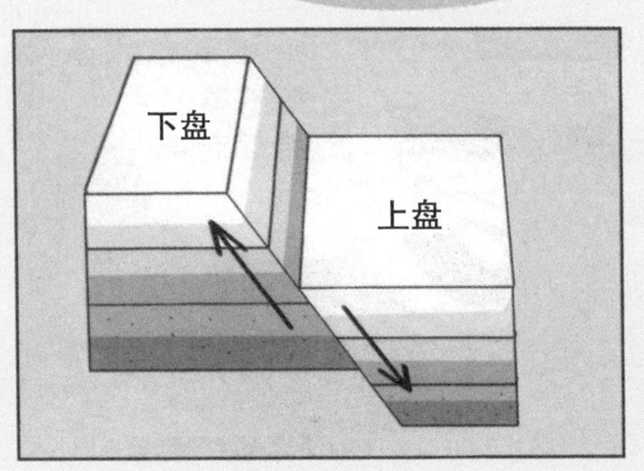
下盘
上盘

*断裂构造：岩石发生破裂、断开等不连续的变形称为断裂。以地层断裂的断层面为基准，相对靠上的为上盘，相对靠下的为下盘。

噢，原来是这样。

可以想象成三明治或蒸糕。
好想吃!

一般来说，地层中上、下相邻的岩层之间存在明显的区别。
是吗?
你说了这么一堆，到底想说什么?
你们这样拧，衣服会像地层一样断开的。
你说的是这个意思啊，怎么不早说?
啊?

哎呀！这是我最
喜欢的衣服！

你们给
我站住！
一圈
要是你的
话，你会
站住吗?
一圈

形成地层的岩石主要是沉积岩。板块挤压碰撞、地震或火山作用都会造成地层的形态变化。地层的形态有水平的地层、弯曲的地层、断裂的地层等。弯曲的地层被称为“褶皱”；断裂的地层被称为“断层”。

Quiz

什么是纬度和经度?

这里是哪里?

我一直想让你看一眼。

这里到底是哪儿呀?
这里就是……

我的家乡。
不是,我是问你这是在地球的什么位置。知道位置才能请求救援啊,不然我们要怎么回去?

游回去啊！
你说的现实吗？

我要回家！
不过话说回来，这里到底是什么地方啊？

纬线是地图上的横线，赤道为0度，南北极都是90度。赤道将地球分为南北两个半球，0度～北纬90度是北半球，0度～南纬90度是南半球。经线是地图上的纵线，本初子午线为0度经线，以东的东经180度和以西的西经180度重合的竖线称为国际日期变更线*，以这条线为界线，日期将会改变。

* 国际日期变更线避开了一些岛屿和地区，使它们不致分成两个日期，因此它不是一条直线。

Quiz

化石是怎样形成的？

要想形成化石，首先需要生物在地质时代繁殖。
噢……

为保证这些生物死后不会被分解掉，需要具备一定的自然条件。
拍
拍
嗯……

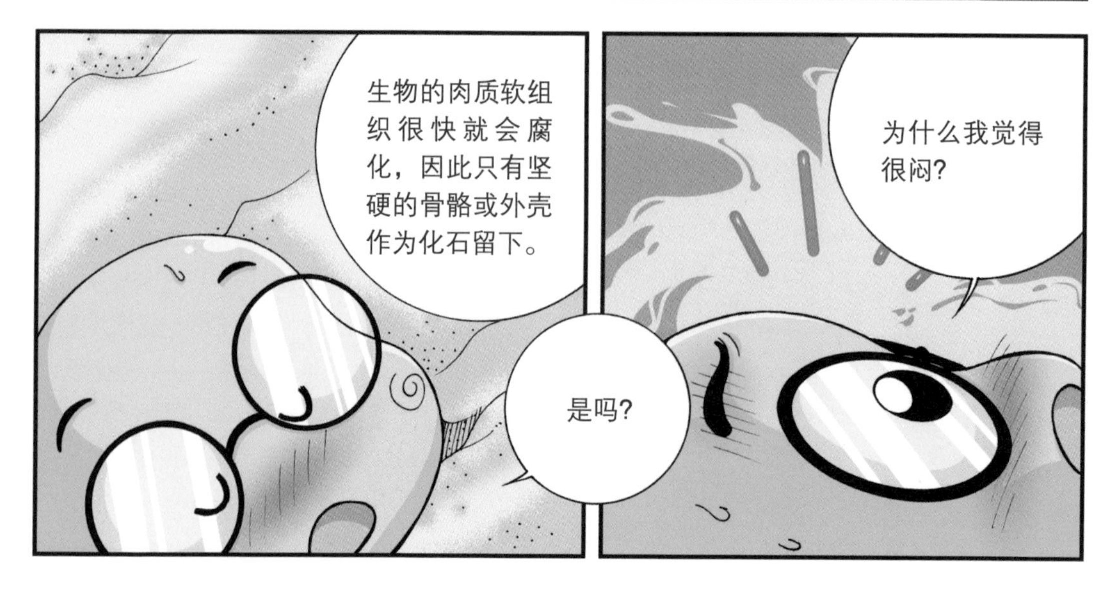
生物的肉质软组织很快就会腐化，因此只有坚硬的骨骼或外壳作为化石留下。
是吗？
为什么我觉得很闷？

照这样下去，你极有可能成为化石！
压
压
你快住手！

用铲子更好！
敲
啪
啪
喂！

化石主要在沉积岩中被发现，最常见的是骨头、贝壳等。生活在地质时期的生物被泥沙掩埋，几亿年过去了，它们遗体中的有机物质被分解，石化后会变成石头，从而形成化石。生物遗体本身基本被保存下来的是“实体化石”；生物残留的痕迹（足迹等）和遗物形成的是“遗迹化石”。

Quiz

火山为什么会爆发？

吭

还要多长时间？

快好了。不过……
什么？

你知道火山为什么会爆发吗？
我给你讲一讲。
这个……

所谓火山，是指地下形成的岩浆以熔岩、火山灰、气体等形式喷出地表，堆积形成的山体。
火山快要爆发了，大家快跑！
哎呀
熔岩
地壳的裂缝里储存了好多岩浆。
地壳
岩浆房
岩浆在地幔中形成。
噢！
地幔
岩浆
地幔中高温高压的环境会影响岩浆活动。

就像打开一瓶剧烈摇晃后的可乐一样。

哗啦一下喷出来了，是吗?
唉
但并不是所有的火山都会爆发，大多数火山的熔岩是缓慢流出的。

火山一旦爆发，会产生大量火山灰和有毒气体等物质，危害严重。
别再说了!

怎么办？
我也正在
喷发呢！
你快出来啊！
我憋不住了！

你拉裤子
上了吗？
啊？
臭
臭
我实在憋
不住了。
上地幔软流层形成的岩浆受到压力后，会穿过地壳的薄弱地带一点点上升，然后汇集到岩浆房。岩浆在积蓄到一定的量之后，会沿地壳内部薄弱地带进一步上升。当岩浆到达地表以下2～3千米处时，以一股强劲的力量破坏岩浆通道上部的岩石，最终喷出地表，就形成了火山。

Quiz

温泉是怎样形成的？

日本有很多的温泉。
日本的温泉大部分是地下水被岩浆加热后涌出地面形成的。

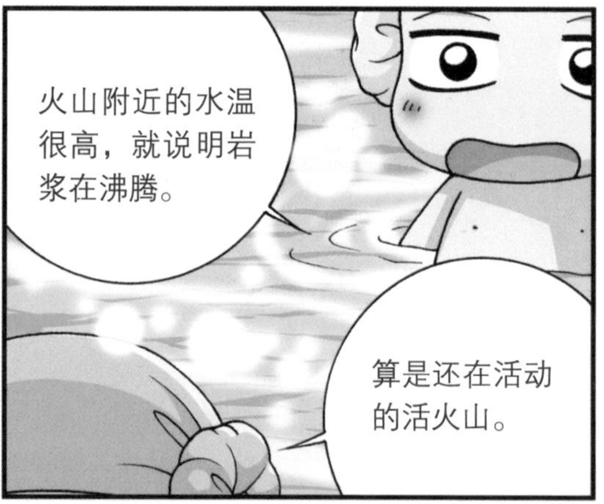
火山附近的水温很高，就说明岩浆在沸腾。
算是还在活动的活火山。

我要走，我很害怕。
这次的旅游开始得多么不容易。进来吧，没事儿！

看来，这里比刚才那里还热。
一般20摄氏度以上的泉水都叫温泉，按水温可分为38～40摄氏度的低温温泉和42摄氏度以上的高温温泉。这里应该是高温温泉。

呜呜呜！
呜
呜
呜
哎呀，什么东西？
哎呀

吓死了！
呼
呼
呼
呼
没想到能在这里看到传说中的日本猕猴。

形成温泉的两种主要原因：第一种是岩浆加热地下水，因为部分地貌地形中，岩浆离地表很近，所以地下水经过未完全冷却的岩浆加热后，喷涌出地面形成温泉；第二种是地表水渗透至地下，地热层将冷水加热，水的温度越升越高，直到找到裂缝涌出，从而形成温泉。

Quiz

火山爆发时会产生什么？

那是日本的富士山。
富士山是休眠火山。

阿苏山是活火山。
那是日本的阿苏山。
你知道得很多嘛！

我学过一些火山知识。
那你知道火山爆发时会产生什么吗？

嗯……会出现烟雾、各种气体、熔岩、石块、火山灰等。
哇，你还真学过！那你知道那是什么气味吗？

对不起，因为泡温泉时吃了太多煮鸡蛋……
噗
就算这样，也太……
臭
噗
噗
臭

你能不能不要放了！
这我也控制不了啊！
噗
噗

火山喷发时，会形成气体喷发物、固体喷发物和液体喷发物。我们熟知的岩浆就是液体喷发物，岩浆最后会凝固成火山岩。在岩浆活动过程中，从岩浆中不断析出的水蒸气，可以形成温泉。

风化作用指的是什么？

你觉得这样做可以瘦脸吗？
呀！

哇！真凉快！
TAXI
1014

丁丁，别把头伸出窗外，很危险。
知道了。

叔叔，这里为什么有这么多奇怪的岩石呢？是人为搭建的吗？

哈哈，你觉得像人造的吗？
对呀！

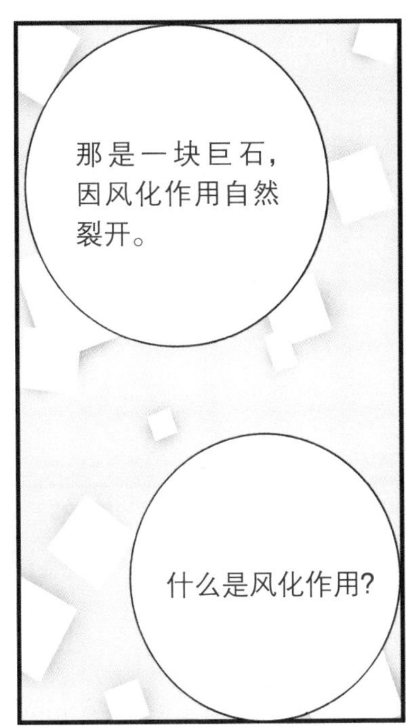
那是一块巨石，
因风化作用自然
裂开。
什么是风化作用?

你说这是自然
形成的?
对!
简单地说，就是由于空
气、水和温度等因素的
作用，矿物和岩石发生
破碎和分解的过程。

水结冰
冰
那块岩石是岩石缝隙
里渗进去的水结冰后
体积变大，从而使岩
石裂缝越变越大。

你们刚才让我
带你们去海边，
对吧？
对！

要不带你们去
能看到风化作
用的海边？
海边一定
很好玩！
TAXI
1014
好呀！

到了。
刹车

祝你们玩
得开心！
嗡
谢谢！
TAXI

哎呀，好疼！
碎石地
他怎么带我们来
这种地方玩啊？

脚底板疼
得厉害。
是啊，我
也一样。

暴露在地表的岩石因空气、水、温度及压力变化等原因破碎或分解，这种现象被称为风化作用。风化作用可以分为物理风化和化学风化。物理风化会使岩石发生崩解、破裂，但不改变其化学成分；化学风化改变了岩石的化学成分，加速了物理风化的进行。

Quiz

冰川是怎样形成的？

太热了。
晒
晒

唉，连一块冰都没有。

丁丁，你看这儿！有冰。
真的吗？在哪里？

我们要是能有一块那样的冰该有多好啊！
是啊！
有那么热吗？

这什么啊？有意思吗？
只用眼睛看都能感觉到凉快，不是吗？

冰川在哪里?我去带点回来怎么样?
什么?你能吗?

最大的冰川在南极洲。
我一定给你们带回来!

你怎么不阻止他?
说不定他真能带回来。
说得也是。
不过冰川是怎样形成的呢?
积雪结成冰
形成冰川
冰山
基岩
冰川是地面长期堆积大量的雪，再加上自身质量产生的压力形成的。

雪反复结冰和融化，面积逐渐变大。
哇！
因为它是通过数百万年不断积累而成的，所以大小超过我们的想象。

所以要把冰川带来不是一件简单的事。
我们刚才是不是应该阻止他？

他走累了会回来的，毕竟那么远……
但愿吧，那我们一边吃西瓜一边等他回来吧！

有一天
丁丁，你快来！快点！
出什么事了？
那是不是道奇？道奇上电视了！
真的！

特别新闻！发现
被冰封在冰川里
的外星人！
特别新闻
昨天下午，部分冰
山被冲进太平洋。
里面发现疑似外星
人的生命体……
是道奇。
怎么办？

这块冰什么
时候能化？
咣咣
道奇，
你再忍
一下！
快点救
救他！
救命啊！
吹热风
救命啊！

冰川是陆地上终年以缓慢速度流动的巨大冰体，主要分布在高纬度地区和低纬度高山地区。冰川冰是由积雪转变而来的。积雪转化成冰川是一个长期和复杂的过程，积雪的增厚使底部雪所受的压力不断加大，日积月累就形成了冰川。冰川实际上是由冰、空气、水和岩屑等组成的。

Quiz

地球在拉我们吗？

咦？掉不下去！

我很好奇，为什么我不会从圆圆的地球上掉下去。
这种奇怪的想法也只有你能想出来。

掉不下去是因为有重力，即被地球吸引的力量。

重力在任何地方都起作用。在另一半球的人也像我们一样站在地球上。
知道了。

咚
但是……球为什么
一直冲我飞过来？
丁丁，你没
事吧？
你比赛的时
候怎么能分
心呢？

球一样也会
受到重力作
用往下掉。
还没来得
及嘛！
住口！你看
到球都不告
诉我！

宇宙间任何两个物体之间存在着互相吸引的力，这种力被称为万有引力。物体质量越大，引力越大，相反，质量越小，引力越小。所谓重力，是指物体所受天体的引力。物体离天体越远，所受的引力越小，即重力越小。当距离足够远时，天体的引力可以忽略不计，物体就会处于失重状态。

Quiz

洞穴是如何形成的？

呀！
下雨了。
我们先找个地方避雨。
滴答

那里有个山洞。我们进去吧！

这场雨看起来短时间内不会停。
幸好没带道奇。
求求你们把我带走吧！

这里居然是个洞穴。
洞穴是如何形成的？

根据形成原因，洞穴分为溶洞、熔岩洞、海蚀洞等。

那么，这里是溶洞！
哎呀！
这里应该是熔岩洞了。
对！

溶洞

熔岩洞（火山洞）

溶洞是石灰岩在地下水或雨水的溶蚀、溶解作用下形成的洞穴。

熔岩洞是火山爆发溢出的岩浆在地表流动和冷却时形成的。

这里是海蚀洞。

海蚀洞

海蚀洞是由海水运动的侵蚀作用形成的洞穴，其节理和层理较分明。

洞穴的种类比我想象中的多。
大部分都是自然形成的。
嗯。

那这里属于哪种洞穴？
不知道，我们再往里边走走看。

这个洞穴能容纳人，我想应该是溶洞或者熔岩洞。
闪
还挺深的。那是什么？

太黑了，什么都看不见。
闪
你刚才没看见有什么东西闪了一下吗？
哪里啊？

嘎
是蝙蝠！
哎呀！
妈呀！

不过，那只蝙蝠是不是有点太大了？
是的！
哈哈哈，比想象中好玩。

洞穴是指有洞口通到地表的天然地下室。它通常由水的侵蚀作用或风与微生物等其他外力的风化作用形成。溶洞是由地下水或雨水腐蚀石灰岩层内部形成的。熔岩洞是在岩浆流过时，表面冷却凝固形成的隧道模样的洞穴。海蚀洞是由海岸岩石上的裂缝或脆弱部分被海浪或潮汐侵蚀而形成的。

Quiz

世界上哪里发生的地震最多？

嘟
嘟
嘟
嘟

葡葡！
葡葡！
怎么这么吵？

你刚才感觉到了房子在晃动吗？
那又怎么样？

什么怎么样？
地震了啊！
要出大事了！
怎么办？
怎么办啊？
噢，好像是道奇在造宇宙飞船。

嘟
嘟
你在干什么？
吓我一跳！
嘟
嘟
关于地震的知识，要不要我讲给你听？

我想知道世界上哪里发生的地震最多。
地震集中分布，且呈有规律的带状的地区叫地震带。看这里，板块与板块的交界处地壳不稳定，是地震易发区。
亚欧板块
美洲板块
亚欧板块
非洲板块
太平洋板块
非洲板块
美洲板块
印度洋板块
南极洲
噢
有太平洋沿岸的环太平洋地震带，有从印度尼西亚起，经喜马拉雅山脉到地中海地区的欧亚地震带，还有沿着海底山脉分布的海岭地震带。

因为日本处于环太平洋地震带，所以经常发生地震。
还有哪里经常发生地震?

新西兰、菲律宾、尼泊尔等国家也经常发生地震。
是吗?

嘟嘟嘟
看来道奇又在钻铁板了。

这次不是我!
嘟
啊?
嘟
唰
嘟

嘟
嘟
妈呀！
真的是地震！
嘟
嘟

原来是挖土机的声音。
吓死了！
嘟
嘟
嘟
嘟

地震是地壳快速释放能量过程中造成的震动。一般认为，地震是地球内部岩石所承受的应力超过了岩石的强度发生破裂而产生的。地震发生最多的地方是太平洋沿岸的环太平洋地震带，世界上约80%的地震都发生在这里。日本就位于环太平洋地震带，是世界上地震最多的国家之一。

地球上最坚固的矿物是什么？

咣
呀

咣

你的脑袋为什么这么硬？像钻石一样！
钻石？

鼓起
钻石是地球上最坚固的矿物。
有那么疼吗？我一点也没感觉到疼。

鼓起
我看你的脑袋比钻石还硬。
不过，你脑袋上的那个包……

如果我的头是世界上最硬的，那么你的头就是世界上最大的。现在那个包还在变大！
鼓起
怎么回事？
哈哈哈

葡葡，你没事吧？
别和我说话！
好，那我走。

摩斯硬度由矿物学家摩斯提出，用于表示矿物的硬度。通过刻痕法用金刚钻针刻划所测试矿物的表面，并测量划痕的深度，这个深度就是摩斯硬度。这些矿物按硬度从小到大分为10级，分别是滑石、石膏、方解石、萤石、磷灰石、正长石、石英、黄玉、刚玉和金刚石。

Quiz

熔岩有多少摄氏度?

岩浆和熔岩有什么不同?
简单地说，地下的叫岩浆，喷出地表的叫熔岩。

知道了。

那么岩浆和熔岩有多少摄氏度?
岩浆温度在 900~1400 摄氏度，而熔岩在 700~1200 摄氏度。

这么高的温度啊。不过，你不觉得烫吗?
我为什么会觉得烫?

水沸腾了！
什么！
呀
呀
咕嘟
咕嘟

他吓坏了吧？
当然了。
烫死我了

喷出地表的岩浆称为熔岩，熔岩的温度为700～1200摄氏度。当熔岩的温度降到600～700摄氏度时，它就开始凝固。火山灾害是一种常见的自然灾害，给人类活动和生存带来了巨大的危害。公元79年，维苏威火山爆发，火山灰掩埋了附近的庞贝、赫库兰尼姆和斯塔比奥等城市。

Quiz

化石燃料有哪些？

用这个东西，宇宙飞船能飞起来吗？

当
当
道奇，一切顺利吗？
马马虎虎。

宇宙飞船完成后，你打算用什么燃料？
不知道。听说地球上有化石燃料。你知道那是什么吗？

化石燃料是埋藏在地下和海洋下的不可再生的燃料资源，包括石油、煤炭和天然气等。
原来如此，那我要从中选一个试试。

我以为你不在呢，原来……
用煤炭制成的蜂窝煤怎么样？
两个够吗？

要想让宇宙飞船起飞，怎么也要几千个蜂窝煤。可是那么重，宇宙飞船能飞起来吗？
而且你能一直换蜂窝煤吗？
是吗？我还以为能行呢……
做事前能不能先动脑子想想？

不过，那个蜂窝煤是从哪儿来的啊？
咣当
咣
这个？这是用来解压的蜂窝煤模型。

煤炭、石油和天然气等地下资源被称为化石燃料或化石能源，是不可再生资源。煤炭是古代植物埋在地下，经历复杂的化学变化和高温高压而形成的。一般认为，石油是古代海洋或湖泊中的生物经过漫长的演化形成的。天然气是以碳氢化合物为主要成分的易燃气体。

Quiz

岩石是怎么形成的？

!

丁丁，你在那儿干什么？

石头的样子和颜色都不一样。
嗯，那是因为……

岩石一旦产生，就不是一直不变的，地质作用可以把一种岩石改造成另一种岩石。
那么，岩石是怎么形成的？

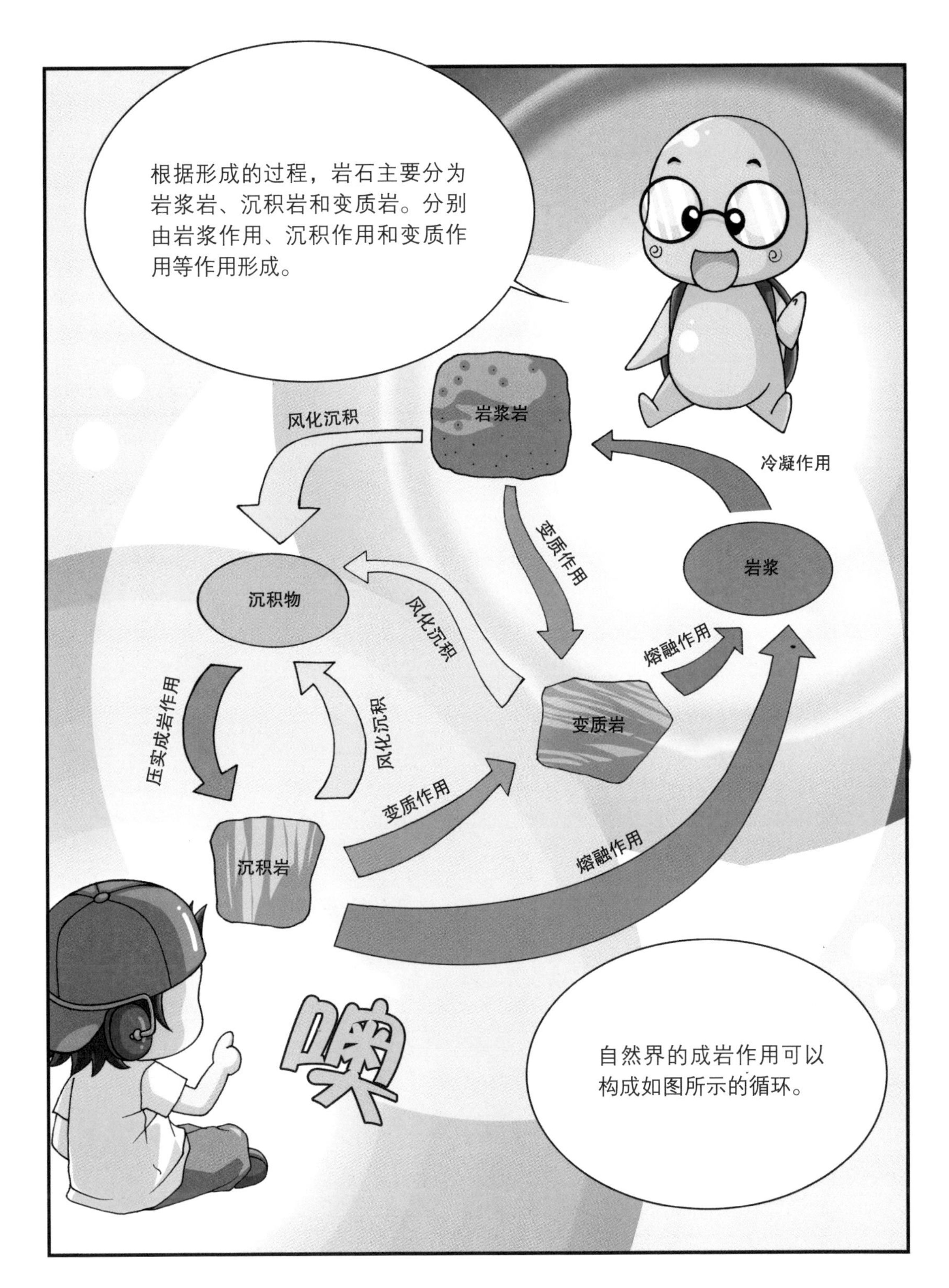
根据形成的过程，岩石主要分为岩浆岩、沉积岩和变质岩。分别由岩浆作用、沉积作用和变质作用等作用形成。
岩浆岩
风化沉积
冷凝作用
变质作用
岩浆
沉积物
风化沉积
熔融作用
变质岩
压实成岩作用
风化沉积
变质作用
沉积岩
熔融作用
噢
自然界的成岩作用可以构成如图所示的循环。

那么，这是什么岩石?
我看这是一种属于岩浆岩的玄武岩。

这个呢?
这是一种属于沉积岩的砂岩。

这个呢?
嗯?

这是什么? 我也是头一次看到。
怎么有点软乎乎啊?
摸来摸去
怎么了? 你不知道吗?
嘿嘿，你知道才怪。

你什么意思?
那是我的鼻屎。
扔
哎呀

太过分了!
哈哈!
脏死了!

岩石在地底深部受温度、压力和化学活动性流体等因素的影响，发生矿物成分、化学成分、岩石结构与构造变化的地质作用，称为变质作用。变质作用在已有的沉积岩或岩浆岩中进行，使岩石发生变质，所形成的岩石称为变质岩。

Quiz

什么是大陆漂移？

葡葡！
丁丁！

葡葡，你在画什么？
我在画世界地图。

！

这是世界地图吗？大陆都连在一块儿。
我画的是原始大陆。

原始大陆?
是的。根据魏格纳的假设，第一个超大陆就是这样。
约 2 亿年前
我们看一看根据板块构造学说模拟的大陆的移动过程。
约 1.35 亿年前
哇
现在的地球
噢！知道了。

可是，原始大陆为什么会分开呢？
地球的地底有地幔。地幔的上部是流动性固体，会慢慢对流。地幔上的大陆就像海上的船一样缓慢漂移。

知道了。葡萄，你把这张地图给我吧！
你要这个干什么？

我有画世界地图的作业。

这可不是现在的样子啊！
我有办法。

晕
这样剪下来分
开贴就行。

是不是
感觉有点
奇怪?
好像是
有点……
嘀

大约 2.25 亿年前，地球上的大陆只有一个。1912 年，德国地球物理学家魏格纳提出大陆漂移说。他举出巴西东岸和非洲西岸海岸形态吻合、南美洲和非洲发现同样的化石等证据，证明了大陆漂移说的理论。大陆板块经过分裂和漂移，大约在 6500 万年前形成了现在的六大板块。

地球之最 一目了然

世界上面积最大的国家

俄罗斯总面积为 1709.82 万平方千米，是世界上面积最大的国家，位于欧洲东部和亚洲北部，横跨欧亚大陆。矿产种类多，储量大；森林覆盖率高，以针叶林为主。

世界上面积最小的国家

梵蒂冈是位于意大利首都罗马西北角高地的一个内陆城邦国家，领土面积为 0.44 平方千米，被称为“国中国”，是世界上面积最小、人口最少的国家。梵蒂冈是以教宗为君主的政教合一的主权国家。

世界上海拔最高的山峰

世界上最高的山峰是位于中国与尼泊尔边境线上的珠穆朗玛峰，海拔 8848.86 米，是喜马拉雅山脉的主峰。山体呈巨型金字塔状，有巨大冰川。中国登山队于 1960 年 5 月 25 日首次从北坡成功登上珠穆朗玛峰峰顶。

世界上最长的河流

尼罗河是世界上最长的河流，全长 6671 千米。白尼罗河和青尼罗河是尼罗河的两条主要的支流，干支流流经卢旺达、肯尼亚、埃塞俄比亚等 11 国。尼罗河中下游每年 6~10 月泛滥，淤积大量沃土，利于垦殖。

世界上海拔最低的湖泊

漂浮

死海位于以色列、巴勒斯坦、约旦交界处，是世界上海拔最低的湖泊，湖面海拔 –430.5 米。由于气候炎热，蒸发强烈，海水盐分是一般海水的 8.6 倍，鱼类和其他水生物都难以生存，故得名死海。

世界上面积最大的沙漠

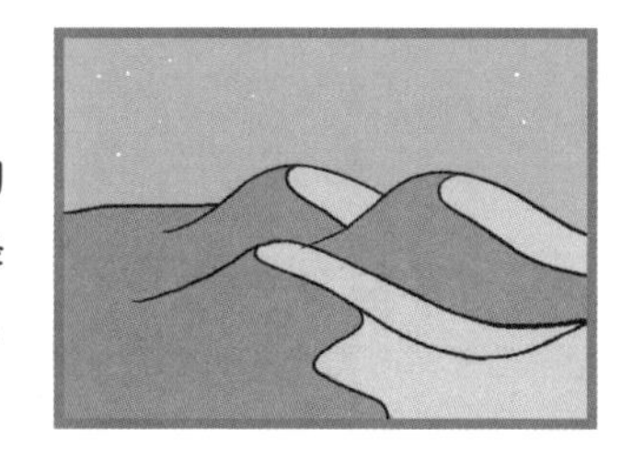

撒哈拉沙漠是世界上面积最大的沙漠，面积约 966 万平方千米。该地区气候条件非常恶劣，年降水量大部分不足 50 毫米，绝对最高温超过 50 摄氏度，是地球上最不适合生物生存的地方之一。

世界上面积最大的海洋

太平洋位于亚洲、大洋洲、北美洲、南美洲和南极洲之间，是世界四大洋中面积最大的海洋，面积约 17967.9 万平方千米，约占世界海洋总面积的 50%。太平洋一词是由航海家麦哲伦及其船队首先命名的。

世界上最深的海沟

11034米

马里亚纳海沟是世界上最深的海沟，长约 2550 千米，最宽约 70 千米，其中斐查兹海渊深 11034 米。这里由于水压高、完全黑暗、温度低、含氧量低、食物资源匮乏，成为地球上环境最恶劣的区域之一。

地球的变化
与自然现象

Quiz

大海呈现红色的原因是什么？

哇！大海！
可是大海的颜色有点奇怪。发红，还很混浊……

这是赤潮现象。问题很严重啊！
赤潮现象？

就是浮游生物大量繁殖，造成大海呈现红色的现象。

如果赤潮持续时间很长，大量繁殖的浮游生物会消耗大量的氧气……
缺氧会导致鱼类大量死亡。这对于我们来说是很大的损失。
赤潮现象太可怕了！
救命！
哎哟，闷得喘不过气了。

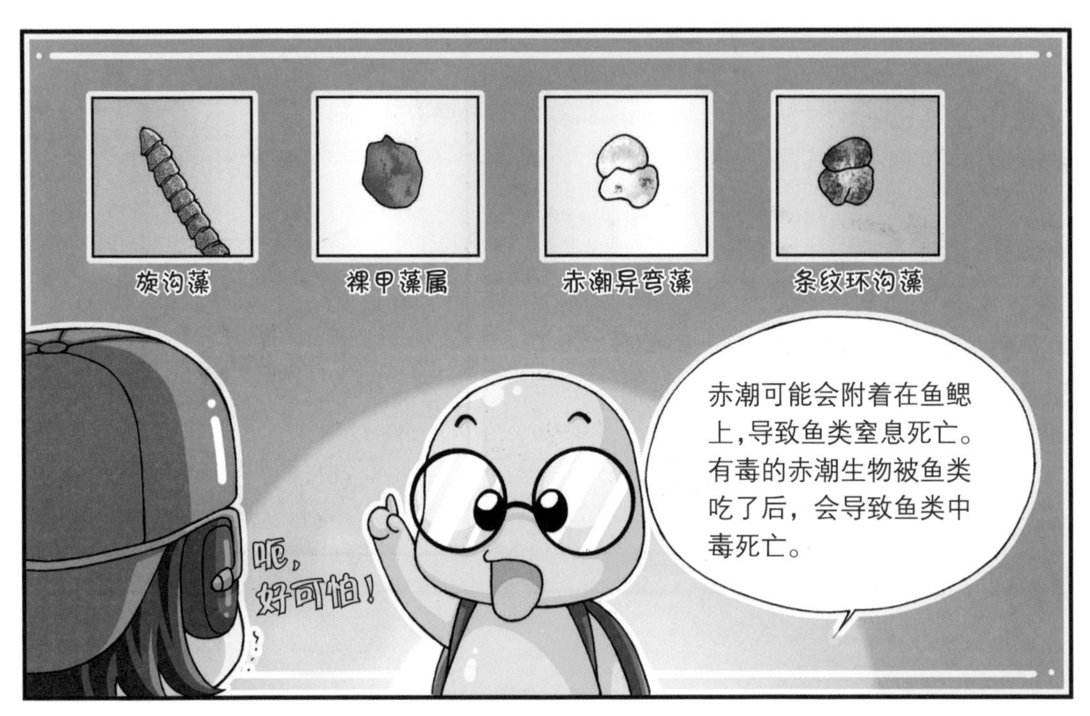
旋沟藻
裸甲藻属
赤潮异弯藻
条纹环沟藻
赤潮可能会附着在鱼鳃上，导致鱼类窒息死亡。有毒的赤潮生物被鱼类吃了后，会导致鱼类中毒死亡。
呃，好可怕！

谢谢您！
好好玩！

别进去，葡葡！
为什么？

大海是红色的！
什么？
快回来！

这是因为晚霞，大海才呈现红色的！
都是因为你，把我吓一跳！
对不起！

葡萄，帮帮我！
不要！

赤潮现象是指由于海洋富营养化，使某些浮游生物暴发性繁殖和高度密集所引起的海水变红的现象。引起赤潮的原因包括：海水表面水温上升、营养盐物质（生物正常生长所需的盐类）增加、大量污水和废水排入海洋。赤潮会造成海水严重污染，鱼虾、贝类等大量死亡。

Quiz

淡水与海水的区别是什么？

淡水与海水的区别是什么？
你认为这么简单的问题我都不知道吗？

不就是水咸不咸的区别吗？
对！

那你肯定也知道相同体积的海水比淡水重吧？
那当然，因为海水比淡水的密度大嘛。

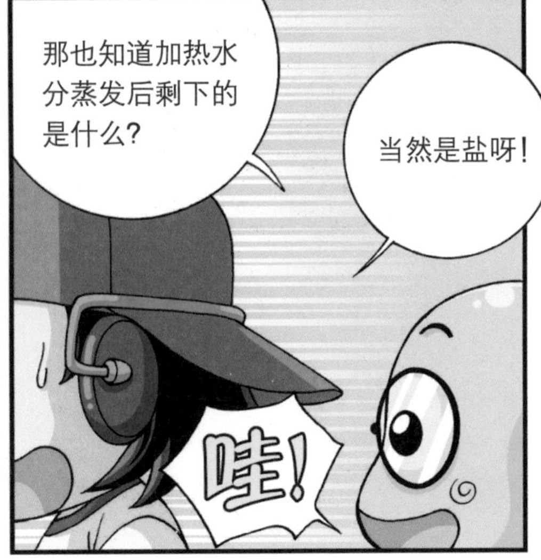
那也知道加热水分蒸发后剩下的是什么？
当然是盐呀！
哇！

你为什么追我呢?
走开!
因为你很
博学呀!

你不是乌龟吗,
怎么跑得这么
快?
怎么,我比
你跑得快,
吓着了?
你走开!

海水是指海中或来自海中的水，其中含有各种盐分。淡水是指含盐分极少（盐分含量小于0.5克/升）的水。因此，淡水和海水最大的区别是盐分的含量。因为海水的密度大于淡水，所以物体更容易浮在海水中。

Quiz

为什么会出现极光现象？

哇，是极光！
你是怎么知道的？你见过吗？

是吗？我只在书上见过……
我从小就很喜欢。

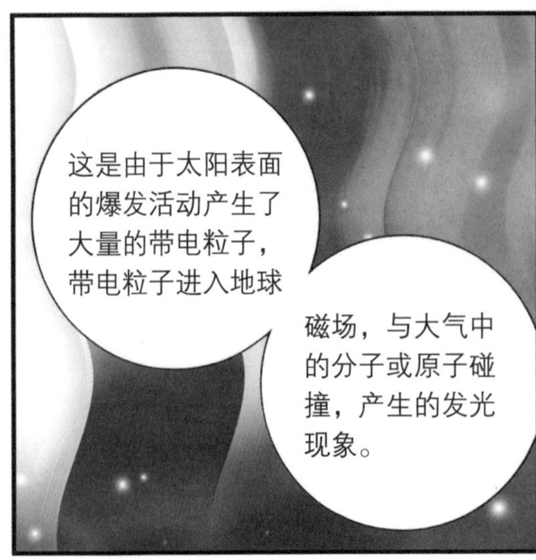
这是由于太阳表面的爆发活动产生了大量的带电粒子，带电粒子进入地球
磁场，与大气中的分子或原子碰撞，产生的发光现象。

真的好漂亮！是不是，丁丁？
嗯。

你说的竟然
是这个！
真的好漂亮。
欧若拉*
女神画相

*欧若拉：罗马神话中的黎明女神，她的名字也有极光的意思。

你怎么又闹
情绪啊？
气死我了！
你是不是
也想得到欧
若拉女神
画相？

极光在拉丁语中意为黎明。太阳活动发生剧烈变化时，会导致大量带电的太阳粒子以每秒1500千米的速度进入太空。这些粒子飞入太空后，一部分到达地球附近，进入大气层，在天空中与大气中的分子或原子碰撞，形成极光。这些粒子与大气中的氧分子碰撞时主要呈黄色和红色；与氮分子碰撞时则主要呈紫色和粉红色。

Quiz

海水是蓝色的，但为什么浪花是白色的？

啊，好凉！
唰
唰
唰
唰

很神奇吧。
嗯，不过总觉得有点奇怪。

你们现在看大海是蓝色的，但是把海水盛出来看，却是透明的！
海水 →

而且浪花看起来是白色的。为什么会这样？
大海之所以看起来是蓝色的，是因为海面只反射了蓝色光和紫色光，其他颜色的光线都被海水吸收了。
浪花呈白色是因为光的漫反射原理。
漫反射？
又开始表现自己有学问了！真是听腻了！

漫反射是投射在粗糙表面上的光向各个方向反射的现象。浪花主要由泡沫和小水珠组成，当光线照在上面时，会发生漫反射，这个过程把我们眼睛能看到的所有光混在一起，所以浪花看起来就是白色。
水
漫反射
原来是这样。

云朵、盐和白糖等，也是因为这个原理使原本透明的物质呈现白色。
盐
糖
啊……

你这都不知道？真是没文化！
你说什么？
你再说一遍！

我说你没文化！
回去多读点书吧！
反射×10！
汗

哎哟……
真幼稚！
嘿嘿！
有点丢脸。

海水本身是透明的，之所以呈现蓝色，是因为海水中的水分子会吸收太阳光中其他颜色的光线，而反射蓝光和紫光。人眼对紫光不敏感，所以我们肉眼看上去海水呈蓝色。而当海浪拍打沙滩时，大小不一的水滴会像一个个棱镜，反射和折射不同的光线，因此我们肉眼看上去浪花呈白色。

Quiz

为什么海拔越高空气越稀薄？

到底是谁说来登山的？
是道奇为了寻找宇宙飞船起飞的地方，才叫我们一起来的嘛！

宇宙飞船造好了吗？
还差一点儿。
到底还要爬多久？我喘不上气了！

葡萄，他怎么
会累成那样?

空气分子也是有质
量的，越往高处，
重力越小，空气密
度也会减小。

所以空气的含氧量也
会降低，当然会出现
喘不上气的情况。
摇摇
晃晃
是吗?

随之而来的就是疲
劳感、头痛、呼吸
困难等。
晕晕
乎乎

严重的话，还会出现呕吐的症状。
真的吗?
呕吐

在海拔3000米以上出现机体缺氧的症状，称为“高原病”。
啪嗒
这个地方好像不错……

这里有人晕倒了!
快拨打120!
救人呀!

不会吧?

海拔
2715米
丁丁，
你没事吧？

你们难道忘
了我是人类？
对不起……

海拔越高空气越稀薄，和空气密度、气压有关。气压和海拔成反比：海拔越高，地球的引力越小，吸住的空气就越少，空气密度就越小；海拔越低，离地面越近，吸住的空气就越多，空气密度就越大。

Quiz

空气是由哪些成分构成的？

这个不行！
要装空气吗？

你们地球人呼吸的空气中有哪些成分？
空气中的主要成分？是氮气和氧气！

另外，还有少量稀有气体、二氧化碳及其他物质。

你为什么问这个？
我在想要不要带走一些空气留作纪念……

空气中的其他物质包括它们吗？
嗯？

山羊
奶牛
黄牛
你不带它们走吗？它们很会排放气体！
什么呀！

为什么每次结尾都提这个？
作者老师真是太过分了！

空气是混合气体，无色无味，主要成分是氮气和氧气，还有少量稀有气体、二氧化碳及其他物质。其中氮气无色无味，可用作零食包装袋内的填充气体。氧气同样无色无味，可用于潜水员或飞行员的氧气呼吸器。二氧化碳可制作成干冰。

Quiz

火山的种类有哪些？

砰

日本经常发生火山爆发吧！
嗯。

现在也会有火山爆发吗？
当然了！

真的吗？但是我都不知道火山是什么样子的。
我堆一个火山给你看吧！

根据火山活动类型，可以把火山分成三类。

类 型	特 征
活火山	指尚在活动或周期性发生喷发活动的火山
休眠火山	有史以来曾喷发过，但长期以来处于相对静止状态的火山
死火山	史前曾发生过喷发活动，但人类历史时期以来一直未活动的火山

根据火山喷发的形式，可以把火山喷发分为裂隙式、熔透式和中心式。
按火山的外形可以分为盾状火山、钟状火山和层状火山。
好神奇，竟然有这么多种火山！

好想去看看
火山爆发呀!
火山爆发很危险，火山爆发时的毒气和热浪会致人死亡!

看了才能了解得更清楚，不知道吗?
发飙
跟着我学就好了!

毕竟我这么博学!
行，你最厉害!

你还不是网上查来的，
以为我不知道？哼！
砰
那你别跟着
我了！

不是让你别
跟着我吗？
我不认识
回去的路了。
你服我
了吧？

不同类型的火山，其活动过程有很大的差异，根据火山喷发的形式，基本可以分为熔透式、裂隙式和中心式三种。其中中心式是现代火山喷发的主要方式。另外，根据火山喷发的激烈程度又可将其分为爆发式、宁静式和中间式。

Quiz

地震海啸是怎么发生的？

扑通
啊！

一条鱼都钓不上来！
鱼都去哪儿了？

咦，好奇怪。海水怎么退回去了？
就是呀。
退潮了？

葡葡，危险，快来！
怎么了？出什么事了？

我觉得是海啸要来了！
海啸?

嗯。海水异常暴退就是地震海啸的征兆。

10 m
0 m
-10 m
平时水位
海啸发生前水位下降，海水暴退。
哗
退去的潮水又重新被翻回，形成巨大的海浪。
哗
哗
哗
是这样啊。
那么，到底为什么会发生地震海啸呢?

因海底或海边发生地
震或火山爆发。
唰
海面产生破坏
性海浪。
换句话说，就是海底发生
地震。
海底地形急剧升降变动，
引起海水强烈扰动。

只是我不敢
相信，你竟
然救了我。
你这是什么
意思？
我真的很
感谢你。

道奇呢？
他怎么不
见了呢？
哎呀！把
他忘在船
上了。

哇哈哈哈哈!
你说这是
海啸?
好好玩!
怎么会
这样?

以后别在
我面前不
懂装懂!
啊!
哦!

海啸是由海底地震、火山爆发、海底滑坡等引起的破坏性海浪。其中海底地震引起海啸的次数最多。海啸会掀起惊涛骇浪，高度可达十多米甚至几十米，形成“水墙”，危害人类生命和财产安全。为了减少地震海啸造成的灾害，人们在地震海啸多发地都已建立了海啸警报系统。

Quiz

地球上最大的沙漠是哪个?

这是哪里?
撒哈拉沙漠。

位于非洲北部，是世界上面积最大的沙漠。

我们想带你来这里看看这个沙漠有多大。
确实很大，不过好热呀!
这里是地球上最不适合生物生存的地方之一。

可是，从这儿怎么回家?
别担心。
还真是单纯……
?

撤走背景板吧！
使劲儿
!
呵
呵
呵
呵
就知道他会上当！

这里就是我们家，进来！
哼！
我不会再被骗了！

撒哈拉沙漠位于非洲北部，是世界上面积最大的沙漠，面积约966万平方千米，约占整个非洲大陆面积的32%。撒哈拉沙漠主要由石漠、砾漠和沙漠组成，其中沙漠约占整个撒哈拉沙漠的1/5。撒哈拉沙漠气候条件恶劣，年降雨量平均在50毫米左右，是地球上最不适合生物生存的地方之一。

Quiz

雷和电哪个速度更快？

我快！

轰
隆
隆
哐
哐
哐

天哪！好可怕！
哐
我连那个光都怕！
哐
……

闪
你说，是声音快还是光快？
电
当然是光快。

啊！
停电了！
哐
哐
快点蜡烛！

真空中光速每秒可达 30 万千米，
光
而音速在空气中每秒只有 340 米*。

* 声音不能在真空中传播。

道奇，你没
事吧？
哐
哐
好像被吓
到了。
戳
啪

他晕倒了。
道奇……
快把墨镜给
他戴上，实
在没法看！

闪电是由云中的水分子相互摩擦时产生的电造成的。闪电时会释放大量光和热，急剧加热周围空气，引起空气膨胀，产生震动，震动发出的声音就是雷声。闪电和打雷几乎同时发生，但闪电是光，在大气中传播速度快于雷声，所以我们会先看到闪电，后听到雷声。

地球的内部构造

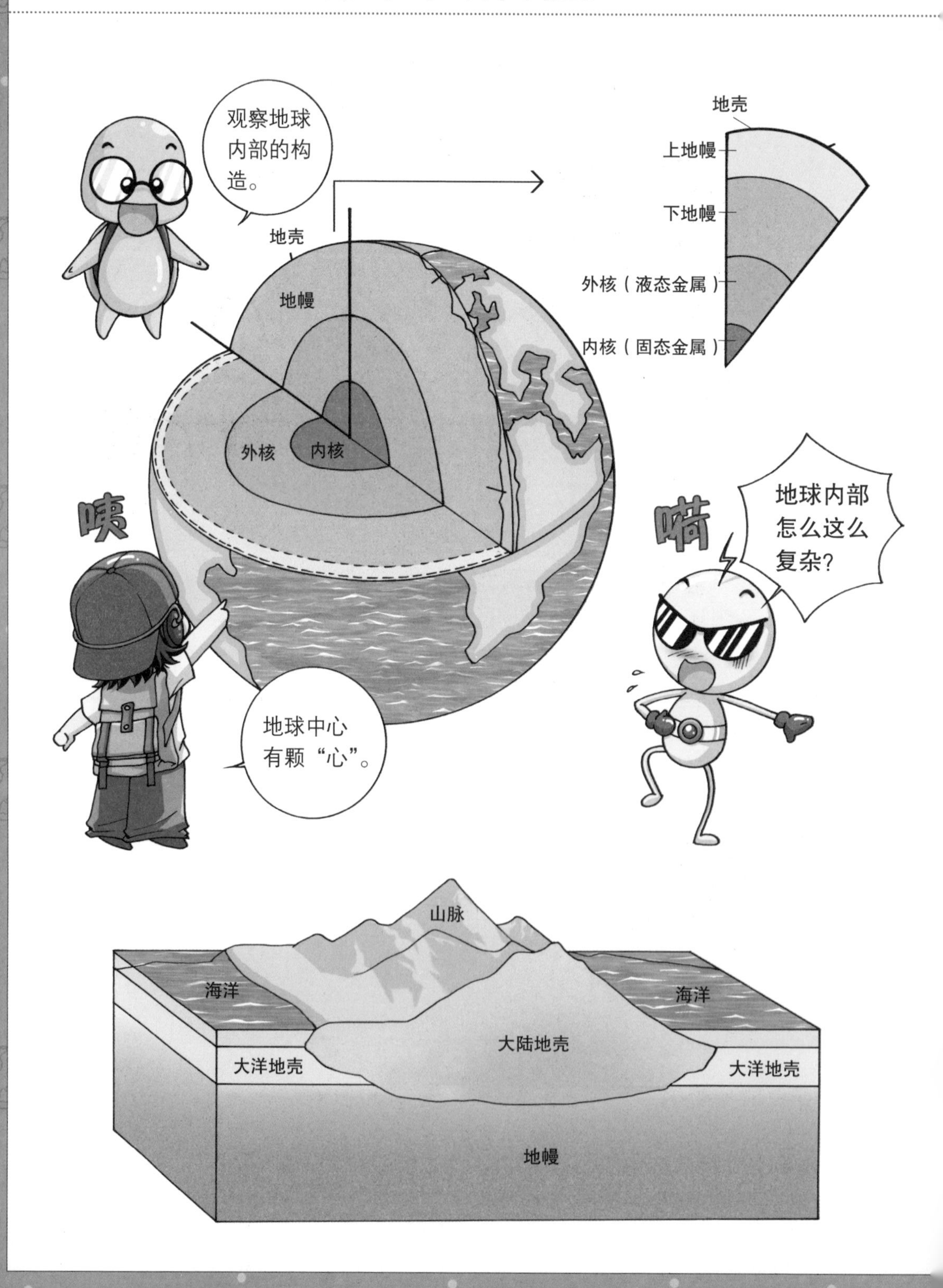
观察地球内部的构造。
地壳
地幔
外核
内核
地壳
上地幔
下地幔
外核（液态金属）
内核（固态金属）
咦
地球中心有颗“心”。
嘀
地球内部怎么这么复杂?
山脉
海洋
海洋
大陆地壳
大洋地壳
大洋地壳
地幔

地球的各种地形

洞穴

你快出来！
我在这里！

洞穴是水溶蚀或侵蚀岩石形成的空间或通道，也可因海水、冰河、熔岩形成。洞穴的种类有石灰岩洞、熔岩洞、冰洞和石膏洞等。

冰川

他可能不怕冷！
是呀！
呀嘿！

陆地上终年以缓慢的速度流动的巨大冰体叫作冰川。冰川大体可分为大陆冰川和山岳冰川。大陆冰川非常巨大，几乎可以覆盖整个极地。

沙漠

水……水！
忍着！

沙漠是指地面完全被沙覆盖，降水量少，但蒸发量大，植被稀少的地区。一般来说，沙漠的年降水量在 250 毫米以下。

瀑布

唰
唰
唰
唔

瀑布是河流沿陡坎或崖壁跌落的现象。瀑布跌落的时候会破坏崖壁，从而使崖壁后退。所以瀑布是在缓慢地后退的。

峡谷

峡谷是由两侧的悬崖峭壁形成的窄且深的山谷，经常出现在河流经过的山地或高原。在大陆上的大高原地带出现的大型峡谷，被称为“大峡谷”。

地球的
方方面面

Quiz

最大的大陆和最小的大陆是哪个？

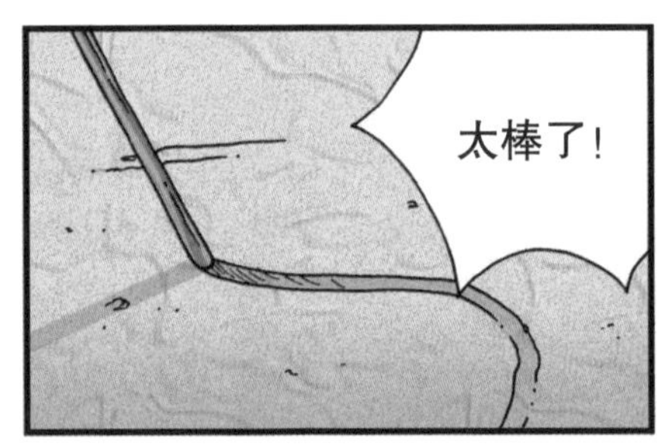
太棒了！

我的面积最大，我是亚欧大陆！
在玩这件事上，你最厉害了！

我的面积才最大！
不是的！
你是面积最小的澳大利亚大陆。

那我不同意！我不要！
道奇！

你来地球的目的是什么？
征服地球！

没准你会空手而归呢！所以有一块澳大利亚大陆不是更好吗？
是吗？
不要总是忽悠人家！

忽悠是什么意思？
就是坐在秋千上荡。

地球上有 6 块大陆，分别为亚欧大陆、非洲大陆、南美大陆、北美大陆、南极大陆、澳大利亚大陆。其中亚欧大陆面积最大，有 5000 多万平方千米；澳大利亚大陆面积最小，只有约 769 万平方千米。

Quiz

太阳为什么从东方升起？

?
能不能让人多睡会儿？

我房间采光怎么这么好！

光线太刺眼，懒觉都睡不了。
那就起来吧！

太阳为什么总是从东边升起？
你的房间是朝东边的，采光当然好了。

严格意义上来说，并不是太阳从东边升起，而是地球自转方向是由西向东，所以我们才有那样的感觉。
北极星
自转方向

所以我们觉得太阳是
从东边升起的。
类似于人向右转的
话，就看到周边事
物向左转的道理。
同理，地球由西向东自
转，所以太阳自然也就
是从西边落下了。
原来是这样。

那我就没有不受
阳光干扰，睡个
好觉的办法了？

你要是像我一样
有个龟壳就方便
多了……
只要全缩进龟
壳就好了！
嗖
好好，就你
厉害！不过
我是人类。

我们换
房间吧？
不要！
不过，
道奇在这么明
亮的房间依然
睡得很好，不
是吗？

是呀，一次也
没醒过，睡得
好香！
是因为戴了
墨镜吗？

盯住
好像是因为眼睛太小，没什么反应。
摘掉
眼睛是睁着的还是闭着的?

猛地
感觉做了个噩梦……
小眼睛居然还有被羡慕的时候。

由于地球自西向东自转，所以太阳看起来是东升西落的。地球旋转一周的时间称为自转周期，地球的自转周期约24小时。地球的自转会引起昼夜交替，地球的公转会带来四季变化。

Quiz

世界上面积最大的海洋是哪个？

都看不到边际！
真大啊！

地球上最大的海洋是哪个？
太平洋！

有多大？
面积约为17967 万平方千米。

你真聪明！那我们现在在哪里？
你带我来的，我怎么会知道？

这里就是太平洋啊！
什么？
那我们怎么回去啊？！

我一点都不担心！
因为……
悄悄
哦……
惊
吓

反正我们在
漫画里嘛！
说得也
是……
你们这俩
家伙……

海洋是地球上最广阔的水体的总称。地球上的海洋被陆地分隔成彼此相连的四个大洋。按照它们的面积大小，依次为太平洋、大西洋、印度洋和北冰洋，其中太平洋的面积大约占了全球海洋面积的一半。

Quiz

为什么会有时差？

你知道现在几点吗？
几点了？

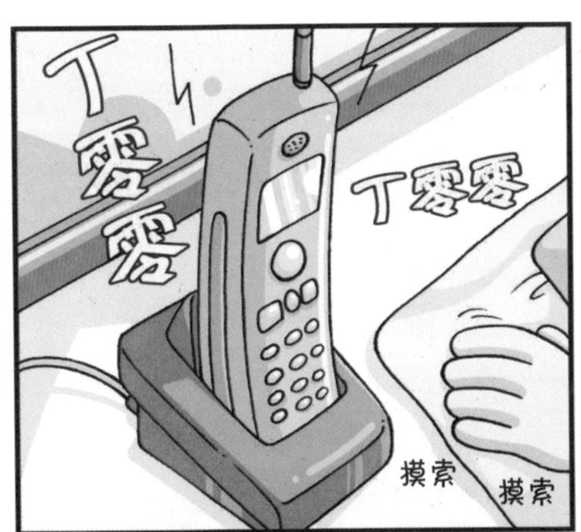
丁零零
丁零零
摸索
摸索

喂？

喂？喂？

我正睡觉呢！什么事？你知道现在几点吗，竟然给我打电话？！
发飙

大白天睡什么觉啊！火气还这么大！

我这里现在可是大半夜啊！

喂？道奇吗？你在地球的另一端，当然是白天了。因为有时差……
竟然打扰我的美梦！
崩溃
时差？

时差就是指以世界时为基准，世界各地区之间的时间差异。
太阳
这样啊！

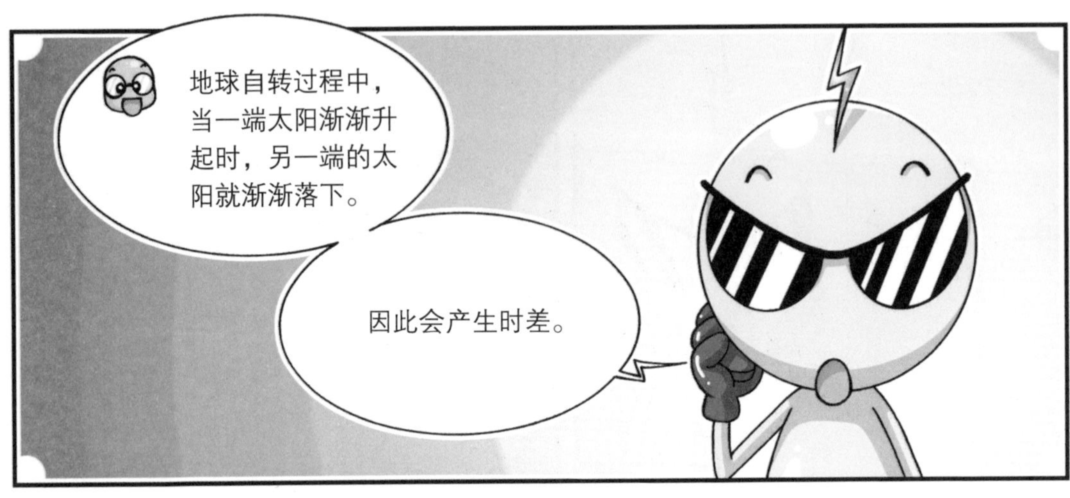
地球自转过程中，当一端太阳渐渐升起时，另一端的太阳就渐渐落下。
因此会产生时差。

西二区	南乔治亚岛
西一区	普拉亚
中时区	伦敦
东一区	巴黎
东二区	开罗
东三区	莫斯科
东四区	阿布扎比
东五区	伊斯兰堡
东六区	达卡、仰光
东七区	曼谷
东八区	北京、新加坡
东九区	东京
东十区	墨尔本
东十一区	霍尼亚拉
东西十二区	惠灵顿
西十一区	帕果帕果
西十区	火奴鲁鲁
西九区	安克雷奇
西八区	洛杉矶
西七区	菲尼克斯
西六区	芝加哥、墨西哥城
西五区	纽约
西四区	圣地亚哥（智利）
西三区	布宜诺斯艾利斯

我们是晚上10点，所以你那里应该是上午10点。不过你去智利的圣地亚哥做什么？
为了找宇宙飞船最后需要的材料。哈哈哈！
宇宙飞船造好了？
哎呀，出大事了！
怎么了？

我不知道怎么把宇宙
飞船搬出去！
嗡
服了你了！

怎么组装来
着？想不起
来了……

由于世界各国与地区的经度不同，地方时也有所不同，为了使不同地区的人们方便换算时间，有关国际会议决定将地球划分为不同的时区，并规定相邻时区的时间相差 1 小时。当人们跨过一个区域，就将自己的时钟校正 1 小时（向西减 1 小时，向东加 1 小时），跨过几个区域就加或减几小时。这样使用起来就很方便。

Quiz

地球上最热与最冷的地方在哪里？

如果你必须在炎热或寒冷的地方中选择一处居住，你会选择哪里？
炎热的地方有多热？

伊拉克的巴士拉达到过 58.8 摄氏度的高温。
那寒冷的地方呢？

据说，俄罗斯在南极建立的东方站最冷有零下 89.2 摄氏度。
转身
两个地方都不去！那种地方能生存吗？！

我是说如果！
没有如果！

你追到我再说！
你别跑！
快选一个！

亲爱的朋友们，我回来了！
不选！
选一个吧！
我说我回来了！

1921年7月，在伊拉克的巴士拉观测到58.8摄氏度的气温，1983年7月21日在南极的东方站观测到温度为零下89.2摄氏度。除了极地，最冷的地方之一是西伯利亚的上扬斯克，据1892年的记录为零下68摄氏度。

没有太阳会怎么样？

呃
你要去哪儿？

怎么这么暗啊？
葡葡，你在哪儿？
丁丁，太阳不见了！

那现在我们
怎么办?
麻烦大了呀!
首先，地球会变得
漆黑一片。
现在是
几点?
现在是
晚上还是
白天?
好冷!
因为有太阳，地球自转时才
产生了白天和黑夜，没了太
阳，每天都是漫漫长夜。
更严重的问题是，地球温度
会急速下降，进入冰河时
代。到那时，所有的生物都
会被冻死。

而所有围绕太阳旋转的行星会永远维持着在太阳消失前的公转方向，可能与其他行星发生碰撞……
砰
砰

到时候，就不仅仅是地球了，整个太阳系都会陷入一片混乱。
光想想就毛骨悚然了！

你有没有觉得越来越冷了？
我饿了，一点儿吃的都没有了！

我不想死！
喘喘
喘
啊！
猛地

哇！活
下来了！
蹦
他怎么
了？
不知道！

太阳与地球之间的距离约为1.496亿千米，太阳光到地球需要约8分钟。如果太阳消失，地球将变得漆黑一片。如果地球和太阳系的行星在公转轨道上出现异常，失去太阳能的地球将会进入冰河期。植物会因为不能进行光合作用而死亡，动物也会在不久后灭绝。

Quiz

盐从哪里来？

来，吃吧！

呃！

太淡了，没有放盐吗？
没盐了，怎么办？

没有盐有海水也行呀……
盐不仅仅只从海水中提取。

啊？
也可以从地里、湖水中提取。
从地里也能获取盐？
岩盐就是从矿物中提取的。

你在干什么?
提取岩盐!
舔
舔
那也不能随便捡块石头就尝啊!

这是货真价实的岩盐!
那也不能把整块石头扔锅里啊!
扑通

盐在海水中的平均含量约为3%，可通过阳光蒸发海水和盐湖水获得。盐湖是咸水湖的一种，是指每升湖水中所含的无机盐在500毫克以上的湖泊。矿物中存在的盐被称为岩盐。岩盐是重要的化工原料，可通过挖掘开采或注水溶解后再将含盐的水舀上来获得。

Quiz

大海颜色不同，名字也不同吗？

环境不同，大海的颜色就不同。

胡说！大海明明是蓝色的啊！

黑海、白海、黄海……就是用颜色命名的。
好像听说过……
是吗？有这种说法？
又好像没听说过。
不可能，肯定有！

现在连你也要在我面前臭显摆吗？海水的颜色有什么重要的！
发
飙
惊吓

丁丁，你知道大海是什么颜色……
行了！就你懂得多！
砰

海洋会因环境不同而呈现不同的颜色。黑海因表层海水含盐量低，浮在深层海水上，使得深处的海水无法与外界接触而缺氧，又因为海水缺氧使硫化细菌非常活跃，生成了黑色的硫化氢使海水呈黑色，因此得名。白海一年中被冰川覆盖200天以上，因此得名。历史上，我国黄海由于黄河的注入，河水中的泥沙将近岸海水染成黄色，因此得名黄海。

日食和月食有什么不同?

拜托，让开!
地球
月球

喂，我终于完成了!
是吗?

你接着讲吧!
日食是月球遮挡了太阳，而月食是月球被地球影子遮挡的现象。

我说我的宇宙飞船终于完成了!
发
飙
噢，恭喜啊!

太过分了!
我用图再说明得简单点儿。
哼

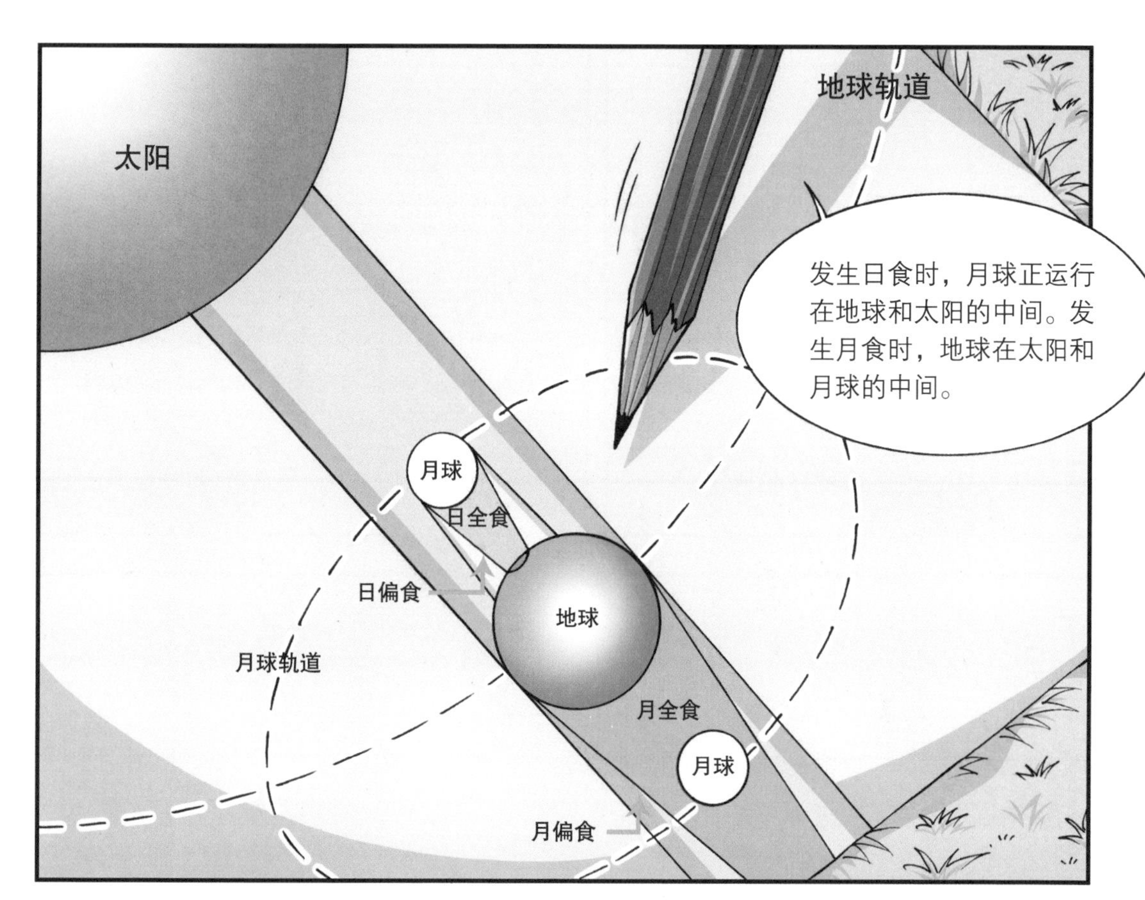
太阳
地球轨道
发生日食时，月球正运行在地球和太阳的中间。发生月食时，地球在太阳和月球的中间。
月球
日全食
日偏食
地球
月球轨道
月全食
月球
月偏食

看图更容易理解吧？
嗯。
太阳 月球 地球 日全食
太阳 地球 月球 月全食

不过，你刚才说
什么来着？
嗯？

……
是不是说宇宙
飞船完成了？

我来告诉你们我的
宇宙飞船完成了，
你们只顾着聊天，
都不听我说话……
哇哇大哭
不好意思，不好
意思！别哭了，
快让我们看看你
的宇宙飞船。

鼓掌
怎么样？
还行吧？
哈哈哈哈

不过，这个能飞起来吗？
晕
趔趄
我出 10 块钱，赌它飞不起来！
真是过分！

到了月食那天，我就离开。
你是狼人吗？不如今天走吧！
哼！

日食是月球运行到太阳和地球中间，三者处于一条直线时，月球会挡住太阳射向地球的光，月球身后的黑影正好落到地球上的现象。当月球运行至地球的阴影部分时，在月球和地球之间的地区会因为太阳光被地球所遮蔽，看到月球缺了一块，这就是月食。

Quiz

太阳是什么颜色的？

能在地球上看
太阳的日子也
没剩几天了。

一想到再也无法看
到那白色的阳光，
就觉得非常难过。

还有，你摘了
墨镜看清楚！
没有这么夸
张吧？

太阳光是黄色的！
知道了吗？

哇，
真的呢！
唰
还是戴上墨
镜吧！
嘀

道奇，我们
会想你的！
骗人！
没骗你，
是真的！
真的吗？
当然了，你
的眼睛……

恒星根据表面温度的不同而呈现不同的颜色，温度越高则越蓝，越低则越接近红色。恒星表面温度在大约 3500 摄氏度时呈红色，约 10000 摄氏度时呈白色，约 25000 摄氏度时呈青白色，约 50000 摄氏度时呈蓝色。太阳是一颗自发光的高温恒星，其表面温度大约在 6000 摄氏度，呈黄色。

Quiz

为什么月食时月球会变成红色？

太阳为什么这么小？
我是月球！

再过一会儿月食现象就开始了。
为什么要在这个时候走呢？

我们去月球的时候不能被人类发现，所以要趁月球被地球影子遮挡的月食时走呀！
你想征服月球？

总之，你多保重！
这段时间我过得很开心。
知道了……

呜呜
不能让朋友们伤心，我要走得很洒脱！
月食开始了！

真是的！看我还
回来看你们吗？
哼
哇
好神奇！

你看月食的时
候，月球是不
是变红了？
丁丁，没想到
你观察力还挺
强呢！呵呵！

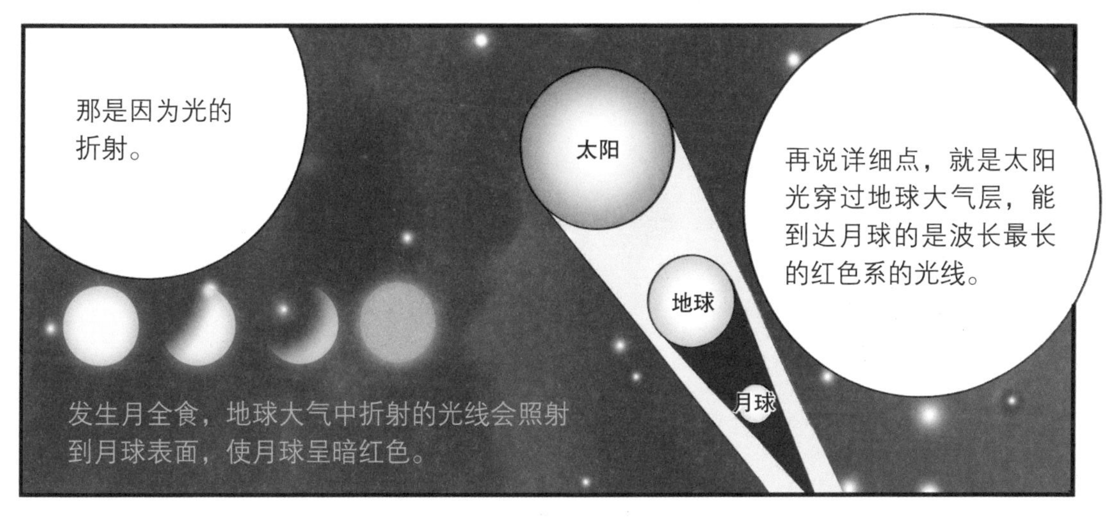
那是因为光的
折射。
太阳
地球
月球
再说详细点，就是太阳
光穿过地球大气层，能
到达月球的是波长最长
的红色系的光线。
发生月全食，地球大气中折射的光线会照射
到月球表面，使月球呈暗红色。

波长短的蓝色系光线全部被折射掉了，只剩下波长长的红色系光线，因此我们看到的月球呈现红色。
原来如此……

对了，道奇走了吗?
把他给忘了。

应该不用担心。
我会想他的。

没想到还产生了挺深的感情。
我也是。
嗖

哐
怎么回事？
这不是道奇的宇宙飞船吗？

你们好呀！

月食分为月偏食、月全食和半影月食。月偏食是月球的一部分被地球本影遮挡，也就是地球遮住了部分照向月球的太阳光。月全食则是月球全部被地球本影所遮盖。半影月食是月球经过地球的半影区，太阳照向月球的光一部分被地球挡住。半影月食时，月球看上去依旧是圆的，只是亮度稍暗。

• 大气层的结构 •

散逸层是热层以上的大气层。为大气圈向星际空间的过渡地带。空气极为稀薄，温度很少随高度发生变化。
中间层之上为热层。热层没有明显的顶部，通常认为在垂直方向上，温度从增温转为等温时为热层顶部。
中间层指 50~85 千米处，高度越高，温度越低。该层内水汽极少，几乎没有云层出现。
从对流层顶部以上到大约 50 千米高度为平流层，有臭氧层，此层内气流比较平稳。平流层是飞机飞行的理想场所。
对流层是大气的最下层，在赤道地区高 16 ~ 18 千米，中纬度地区高 10 ~ 12 千米，在极地地区高 8 ~ 9 千米。空气中会发生各种各样的气象现象。

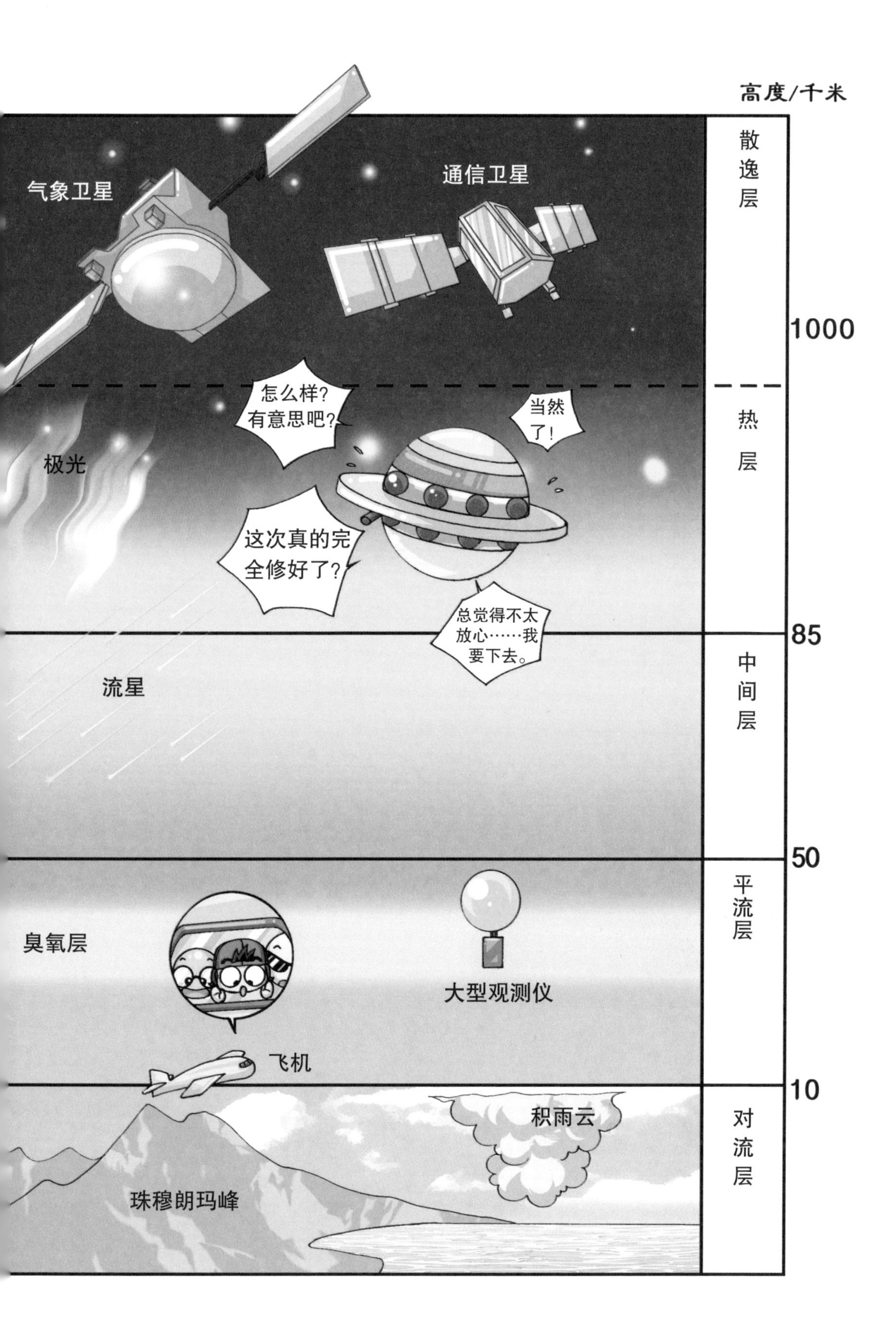
高度/千米
散逸层
气象卫星
通信卫星
1000
怎么样?有意思吧?
当然了!
热层
极光
这次真的完全修好了?
总觉得不太放心……我要下去。
85
流星
中间层
50
平流层
臭氧层
大型观测仪
飞机
10
积雨云
对流层
珠穆朗玛峰

可以再造
一个太阳吗？
真的有隐身斗篷吗？有能自动愈合刮痕的车漆吗？……小朋友们，这些问题的答案，都能在《儿童百问百答 21 未来科学》中找到。